細菌の分類

人にもそれぞれ顔があるように、細菌にもそれぞれちがいがあります。細菌の分類方法には、大きく分けて薬品を使って色をつける「染色」による方法と「形」による方法があります。

グラム染色法

「グラム染色法」は、光学顕微鏡で細菌を見るとき、よりわかりやすくするために細菌に色をつける分類方法。細菌が青むらさき色に染まれば「グラム陽性」、赤く染まれば「グラム陰性」という

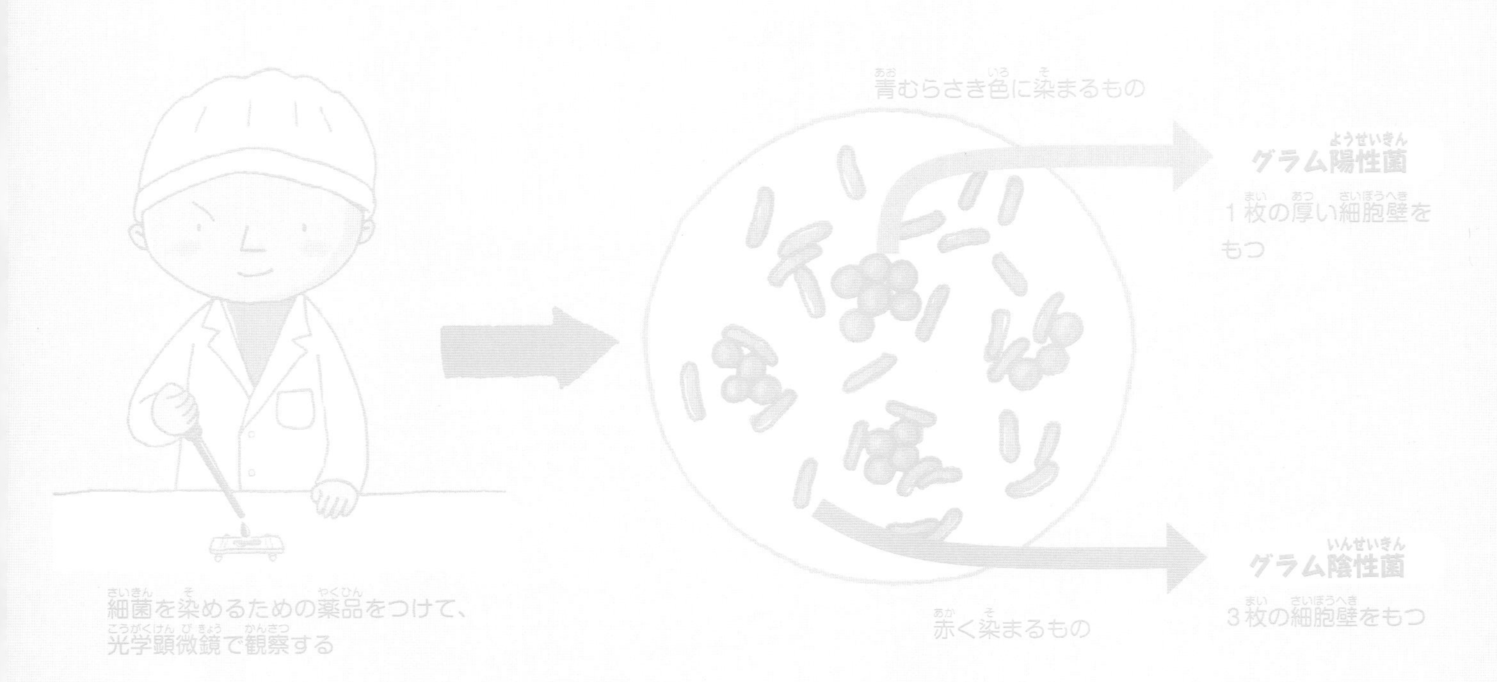

細菌の形による分類

細菌の形による分類方法では、丸い形の「球菌」、細長い棒のような「桿菌」、細長くねじれている「らせん菌」の大きく3つに分類される。球菌のならびかたや桿菌の太さ、長さはさまざま

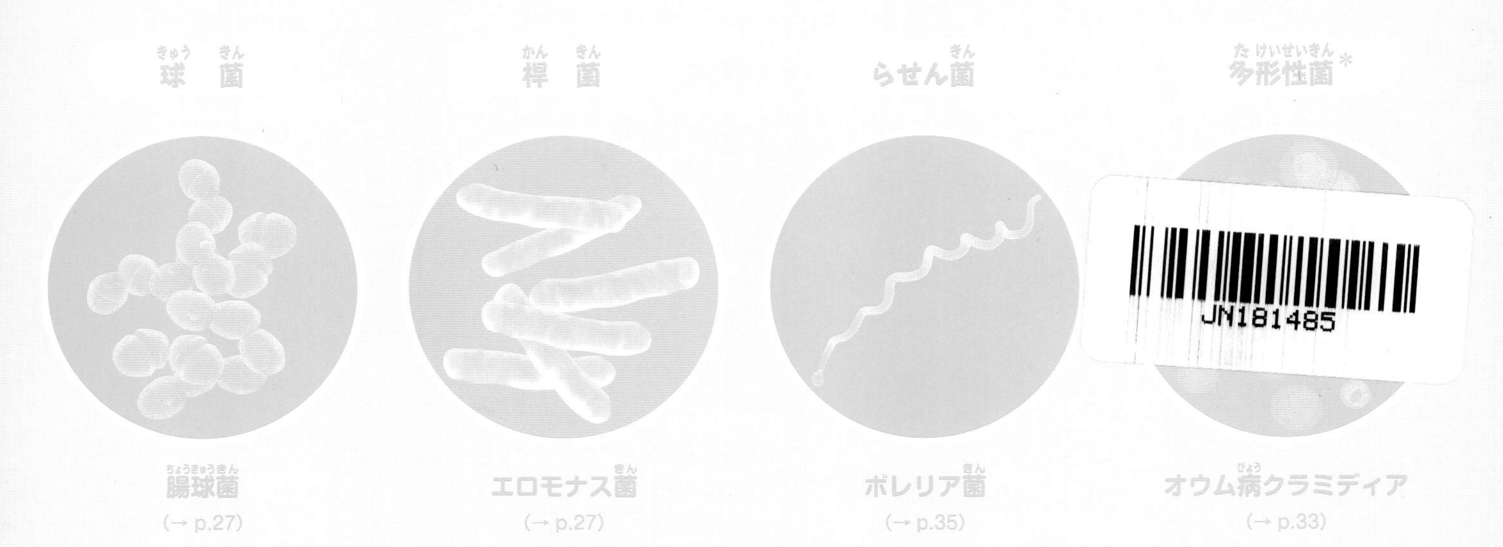

＊多形性菌：決まった形がなくいろいろな形になる細菌

もっと知りたい！

微生物大図鑑

2 ヒントがいっぱい 細菌の利用価値

北元 憲利 著

ミネルヴァ書房

私たちのくらしと細菌

私たちは細菌のことを「バイ菌」と呼んできらっていますが、細菌はヒトが生まれるよりもはるか昔の約35億年前から地球にいる生物です。細菌にとっては、あとから生まれたヒトほど有害な生物はいないのかも知れません。

じつは、細菌の中でバイ菌と呼ばれてきらわれるものはほんの一部だけで、多くの細菌が私たちのくらしに深く関わりをもっています。食品づくり、医薬品や化学品の原料、環境浄化*、生物資源など、ヒトにとって役に立っている「善玉菌」も多いのです。

*環境浄化：環境をきれいにすること

ヒトと細菌の共存

一方、最近になって多くの新しい「悪玉菌」が発見されるようになってきました。それらの多くは「人災」によるものではないかといわれています。医薬品やワクチンの使用、衛生条件の変化などによって宿主*の環境が変わると、細菌は性質を変えたり、よりよい宿主を求めたりします。そして、突然変異*をおこしたり、ほかの細菌がもつ遺伝子*を取りこんだりしながら生きのびようとするのです。そうするうちに、ヒトにとって有害な悪玉菌が生まれてしまうことがあります。

また、これまで人目にふれず野生動物の中でひっそりとくらしていた細菌が、むやみな開発や交通機関の発達により突然呼びおこされ、ヒトの前にあらわれるようになってきました。さらに地球温暖化により、細菌による感染症*が発生する地域が広がっているといわれています。

そして今、私たちがもっともやってはならないことは、悪玉菌を利用した生物兵器の開発です。私たちは地球上にくらす同じ生物として、細菌のことをよく理解して、細菌による感染症に対する予防法を身につけながら、細菌たちとうまく共存していくことが大切なのかもしれません。

*宿主：細菌などの微生物が取りつく相手の生物

*突然変異：何らかの原因で親から子に伝わる遺伝子の性質に変化がおこること

*遺伝子：生物が親から子へ伝える形や特ちょうとなるもの

*感染症：細菌やウイルスなどが体の中に入ることでおこる病気

悪玉菌の誕生や拡散の例

医薬品の使用や衛生条件の変化

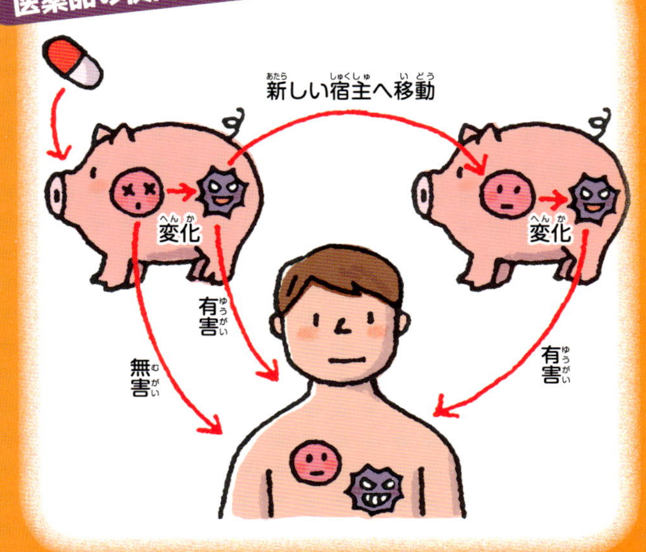

細菌の性質が変わり、ヒトにとって無害だった細菌が有害な悪玉菌になることがある

むやみな開発

野生動物の中で生きていた細菌がヒトの前にあらわれるようになる

地球温暖化

細菌の宿主になる生物が生息する地域が広がる

研究の副作用や生物兵器の開発

遺伝子組換え実験で、思いもよらない細菌が生まれることがある。また、生物兵器をつくる目的で、悪玉菌が使われるおそれがある

もくじ

第3章 細菌のすがたの見かた

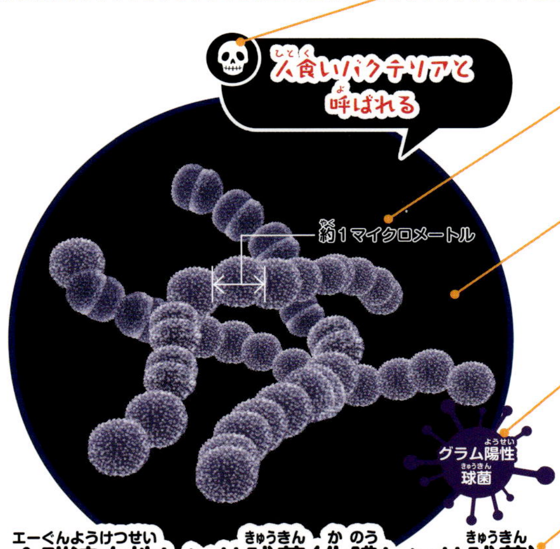

A群溶血性レンサ球菌(化膿レンサ球菌)
Streptococcus pyogenes

感染経路 飛沫感染、接触感染、創傷感染

症状 潜伏期間は2〜5日。化膿性皮ふ炎のほか、のどや扁桃*腺の炎症、膿痂疹、猩紅熱*などをおこす

ワクチン なし

この細菌は、のどや扁桃腺の炎症、中耳炎、肺炎、化膿性関節炎、ずい膜炎などをひきおこします。また、本来病原体に対してはたらくはずの免疫が、自分のからだに対してはたらくことで、リウマチ熱*や急性糸球体腎炎*をおこすことも知られています。劇症型溶血性レンサ球菌感染症*をおこすこともあり、人食いバクテリアのひとつとして問題になっています。

* 扁桃：のどのまわりにある器官で、リンパ球をつくる
* 猩紅熱：発熱や発疹がでて、舌はイチゴのように赤くなる
* リウマチ熱：関節痛をともなう高熱症状。心臓に炎症をおこすこともある
* 糸球体腎炎：腎臓にある糸球体の炎症
* 劇症型溶血性レンサ球菌感染症：レンサ球菌が原因でおこる敗血症で、急速に多臓器不全に進行する

ドクロマーク
感染すると、亡くなる可能性があることをあらわしています。

細菌の大きさ
細菌の平均的な大きさをあらわしています。

イラスト
細菌のすがたを絵であらわしています。細菌の色はわかっていないため、イラストの色は想像です。

細菌の種類
グラム染色法による染色結果と、形のちがいで分けた細菌の種類です。くわしくは前の見返しで解説しています。

細菌の名前

感染経路
細菌が伝わる道すじ。くわしくは後ろの見返しで解説しています。

症状
細菌に感染するとおこす症状です。

ワクチン
細菌からの感染症の予防に使われるワクチンの種類です。ワクチンが開発されていない細菌もいます。

解説
細菌の特ちょうや細菌がおこす病気を解説しています。

注記
*は、本文中の解説の補足や用語の解説をしています。
*は、姉妹本の『のぞいてみよう ウイルス・細菌・真菌 図鑑』(全3巻)と『もっと知りたい！ 微生物大図鑑 ①なぞがいっぱい ウイルスの世界』で紹介しているものを、→の後に、『①ウイルスのひみつ』『②細菌のはたらき』『③真菌のふしぎ』『①ウイルスの世界』として、掲載している巻とページを示しています。

本書の姉妹本として、『のぞいてみよう ウイルス・細菌・真菌 図鑑 ②善玉も悪玉もいる 細菌のはたらき』(ミネルヴァ書房発行)があります。こちらには、細菌のつくりや生態の解説や、本書に紹介していない細菌の解説をしていますので、あわせてお読みいただくことをおすすめします。

世界の歴史を変えた細菌たち

細菌による感染症の大流行が、世界の歴史を変えることもありました。

幕末に流行したコレラは、虎にたとえておそれられた

コレラの大流行

細菌による感染症が世界の歴史を変えた例として有名な出来事は、コロンブスによるアメリカ大陸の発見です。ヨーロッパで流行していたコレラ*やペスト*、結核*、腸チフス*などがアメリカ大陸へもたらされ、アメリカ大陸からは梅毒*などがヨーロッパにもちこまれました。これを「コロンブス交換」といいます。

もともとコレラはインドから発生した感染症ですが、アジアからアフリカ、ヨーロッパに広まりました。そして19世紀はじめには、フランスのパリで大流行し、毎日800人が亡くなったといわれています。日本では、ペリーの黒船来航（1853年）のころに「安政コレラ」と呼ばれる大流行がありました。江戸だけで60万人の感染者がでて、10万人が亡くなったといわれます。感染すると、あっという間に亡くなることから「コロリ」と呼ばれ、そのおそろしさは虎にたとえられ、「虎狼狸」「虎列剌」などの当て字が広まっていったそうです。

*コレラ：→『②細菌のはたらき』p.27
*ペスト：→『②細菌のはたらき』p.34
*結核：→『②細菌のはたらき』p.30
*腸チフス：→『②細菌のはたらき』p.27
*梅毒：→『②細菌のはたらき』p.32

結核菌は文学好き？

結核は、明治から昭和はじめの文学や芸術に大きな影響をあたえました。

文学や芸術の題材になった結核

結核菌による感染症の中で、とくに肺結核は「労咳」と呼ばれ、第２次世界大戦前から戦後しばらくは、日本人の死亡率の第１位をしめていました。もっとも流行したときは、日本人の約500人に１人が結核で命を落としたといわれています。

結核は発病すると、熱のためほおが赤くなり、目がうるみ、やせてはだは白くなります。この悲劇的なイメージが、明治から昭和はじめにかけて多くの文学や芸術の題材にされました。画家・竹久夢二のえがく結核で亡くなった恋人の女性は、その代表例といえるでしょう。

堀辰雄の『風立ちぬ』や、徳冨蘆花の代表作『不如帰』などは、結核の末期患者を主人公にし

郵便はがき

607-8790

料金受取人払郵便

山科局承認

1242

差出有効期間
平成29年7月
20日まで

（受　取　人）
京都市山科区
日ノ岡堤谷町1番地

ミネルヴァ書房
読者アンケート係 行

◆ 以下のアンケートにお答え下さい。

お求めの
書店名＿＿＿＿＿＿＿＿市区町村＿＿＿＿＿＿＿＿＿＿＿＿＿＿＿＿書店

＊ この本をどのようにしてお知りになりましたか？ 以下の中から選び、3つま
で○をお付け下さい。

A.広告（　　　　）を見て　B.店頭で見て　C.知人･友人の薦め
D.著者ファン　　E.図書館で借りて　　F.教科書として
G.ミネルヴァ書房図書目録　　　　　　H.ミネルヴァ通信
I.書評（　　　　）をみて　J.講演会など　K.テレビ･ラジオ
L.出版ダイジェスト　M.これから出る本　N.他の本を読んで
O.DM　P.ホームページ（　　　　　　　　　）をみて
Q.書店の案内で　R.その他（　　　　　　　　　　　）

た小説で、ベスト　……　す。啄木の代表的な歌集
堀辰雄自身も結核て　……　呼吸すれば胸の中にて鳴
　また、歌人の正岡　……　びしきその音！」という
づけるというホトト　……　を的確にあらわしていま
て、漢語でホトトギス　……　の森鷗外や樋口一葉など
ペンネームをつけまし　……　。
　さらに、詩人・歌人

人類の危機を救った化学療法

抗生物質を使う化学療法は、感染症の治療に効果をあげてきました。

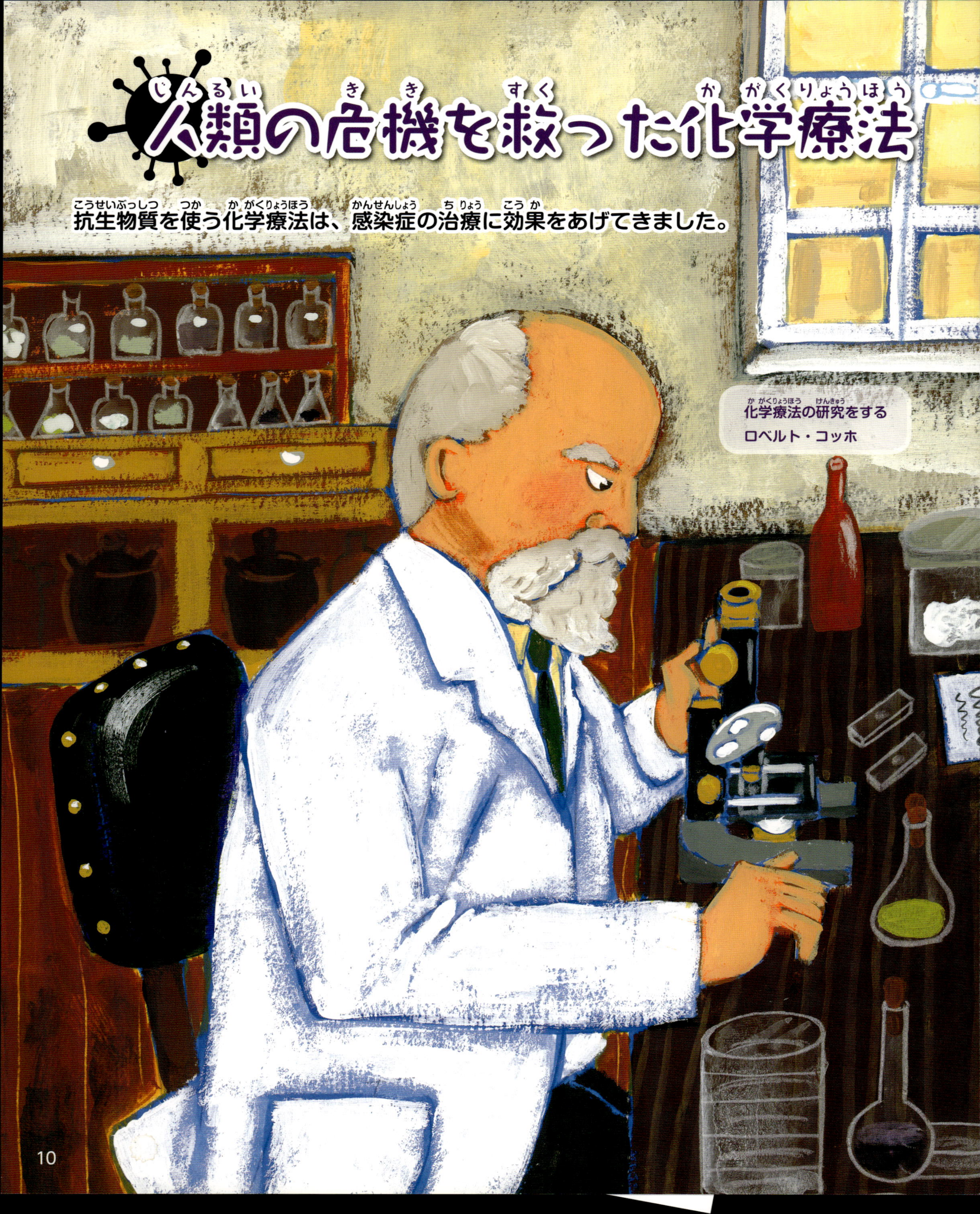

化学療法の研究をする
ロベルト・コッホ

抗生物質の発見と化学療法の発展

化学療法*は、「細菌学の父」ロベルト・コッホがはじめたといわれています。そして1910年、その弟子・エーリッヒが秦佐八郎とともに梅毒の特効薬「サルバルサン」を発見し、化学療法に道を開きました。コッホは、「学者はりっぱな研究をしたからといって自己満足していてはいけない。これを実際に応用して人類の役に立ってこそはじめて学者としての本分がつくされるのであって、それが学者の本当の任務である」と弟子たちに教えていたのです。

また、アレキサンダー・フレミングによる世界初の抗生物質「ペニシリン*」の発見（1928年）が化学療法、とくに感染症治療の急速な進歩につながっています。日本でも、梅澤濱夫らによる「カナマイシン*」の発見（1957年）をきっかけに、多くの抗生物質が開発されました。

抗生物質とは、細菌などの微生物が生みだす物質で、ほかの微生物のはたらきや増殖をおさえる物質です。天然の抗生物質は、5000～6000種類あるといわれ、その内、約100種類が実際に利用されています。また、天然の抗生物質を化学的に改良したり、人工的に合成したりすることにより「合成抗菌薬」が開発されてきました。そしてこれら抗生物質が、細菌などの微生物による感染症から多くのヒトの命を救ってきたのです。

*化学療法：化学薬品や抗生物質を使って感染症を治療する方法

*ペニシリン：アオカビから発見された抗生物質。細菌による肺炎などの感染症治療に有効

*カナマイシン：細菌がタンパク質をつくることをさまたげ、殺菌する抗生物質

細菌が生物兵器に使われる！

細菌の毒性を悪用した生物兵器が、戦争やテロに使われるおそれがあります。

おそろしい生物兵器

細菌やウイルスには、強力な毒性をもつものがいます。もし、そんな細菌やウイルスが生物兵器として使われたら、それらによる感染症が大流行して、パニックになるといわれています。

生物兵器に使われる可能性のある強力な毒性をもつ細菌には、炭疽菌*、ボツリヌス菌*、ペスト菌などがあげられます。

この内、炭疽菌は、ヒトの肺に感染すると約90％の人が亡くなるといわれるおそろしい細菌です。第２次世界大戦のころ、ある島で炭疽菌による細菌爆弾の実験がおこなわれました。炭疽菌にさらされたこの島の家畜は何日もたたずに死にはじめ、やがて島には生物がいなくなりました。1993年には、日本でも東京で炭疽菌がまかれる

*炭疽菌：→『②細菌のはたらき』p.35

*ボツリヌス菌：→『②細菌のはたらき』p.29

事件が発生しました。また、2001年には、アメリカで実際にテロに使用され、5人が亡くなっています。

一方、ボツリヌス菌がつくり出す毒素は世界最強といわれ、ナノグラム*単位の量でヒトや動物を死にいたらしめます。ただ、この毒素は熱に弱く、ボツリヌス菌自体も酸素があると死んでしまうという弱点もあります。

ほかにもウイルスでは、天然痘ウイルス*、エボラ出血熱ウイルス*、ラッサ熱ウイルス*などが、生物兵器として使われるおそれがあるといわれています。

*ナノグラム：1ナノグラム（ng）は、1グラム（g）の10億分の1
*天然痘ウイルス：→『①ウイルスのひみつ』p.33
*エボラ出血熱ウイルス：→『①ウイルスのひみつ』p.36
*ラッサ熱ウイルス：→『①ウイルスのひみつ』p.36

細菌が増える環境と条件

細菌が増えるためには、心地よい環境といくつかの条件が必要です。

細菌が増えやすい環境

細菌の増えかたは、温度や湿度はどのくらいか、酸素があるかないか、水素イオン濃度（pH）*や塩分濃度はどのくらいか、などのさまざまな環境条件によって大きく変わります。

じつは、細菌にとって心地がよく、増えやすい環境は、ヒトや動物の体の中なのです。しかし、ヒトや動物には免疫*や抵抗力があるので、ふだんは体の中で細菌が増えたり、感染症をおこしたりすることはありません。

*水素イオン濃度（pH）：水溶液中の水素イオンの濃度。pH 7が中性で、7より小さくなると酸性、7より大きくなるとアルカリ性

*免疫：体に入りこもうとする病原体などを取り除こうとするはたらき

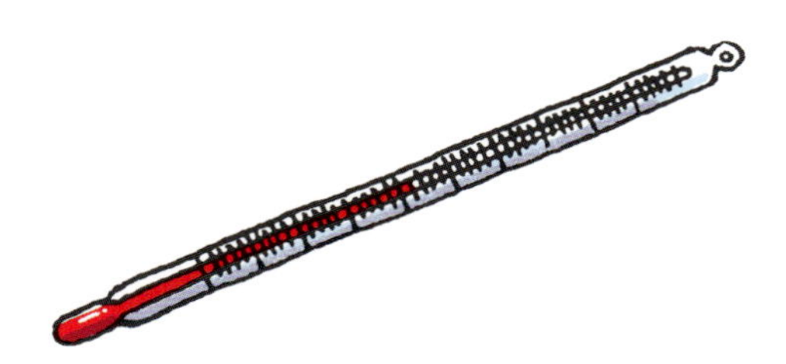

温度

細菌にとってもっともよい温度は、ヒトや動物の体温と同じ37℃前後だが、中には低温が好きな細菌や高温が好きな細菌もいる

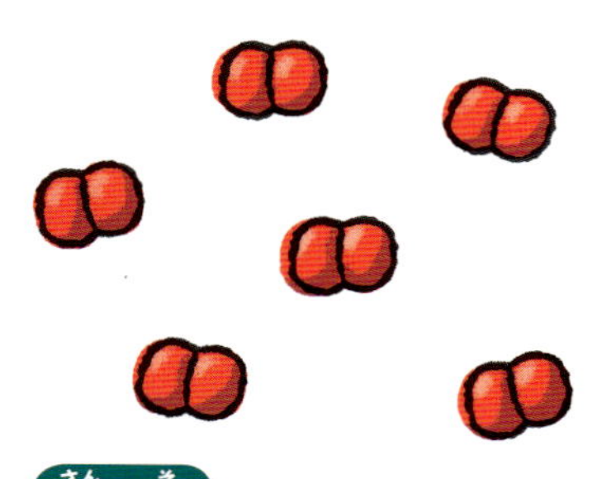

酸素

多くの細菌は、酸素があってもなくても育つが、生きるために酸素が必要な細菌や、酸素があると死んでしまう細菌もいる

湿度

細菌は水分が多いほど増えやすく、水分が少ないと増えにくい

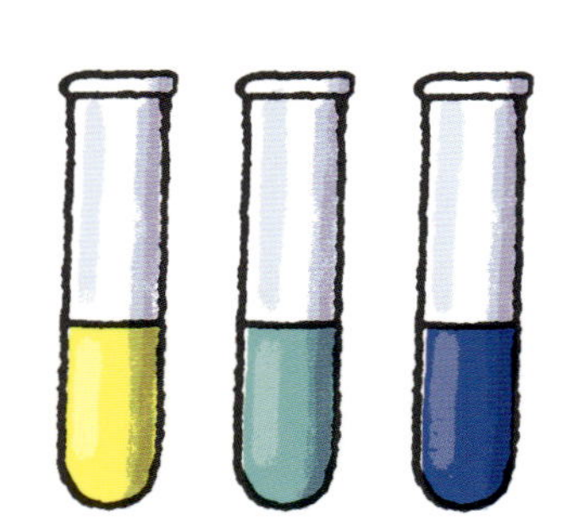

水素イオン濃度（pH）

多くの細菌は、ヒトや動物の血液と同じ中性～弱アルカリ性（pH6.8～8.0）で増えるが、中には酸性でよく増える細菌や、アルカリ性でよく増える細菌もいる

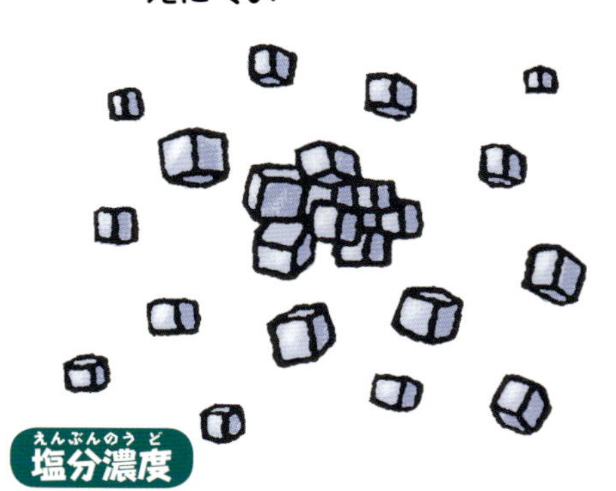

塩分濃度

細菌にとってもっともよい塩分濃度は、血液中の塩分濃度とほぼ同じ0.85％

細菌の増やしかた

ヒトや動物の体の中と同じ環境を好む細菌を増やすためには、なるべくそれに近い環境条件を整えることが必要です。

また、細菌を増やすには、栄養となるタンパク質（アミノ酸）*や炭水化物（糖質）*、ビタミン・ミネラル*などをふくむ培地*が必要です。さらに、水素イオン濃度（pH）や塩分濃度を調整したり、酸素に対する好ききらいに合わせたりして、温度が37℃に保たれたふ卵器*の中で培養します。

*タンパク質（アミノ酸）：アミノ酸が多数つながったものがタンパク質。三大栄養素のひとつで、生物の体をつくる
*炭水化物（糖質）：三大栄養素のひとつで、生物のエネルギー源になる
*ビタミン・ミネラル：三大栄養素以外に、生物が生きるために必要な栄養素
*培地：細菌などの微生物を増やすために、人工的につくった環境。おもに、海藻からつくられる寒天が使われる
*ふ卵器：は虫類や鳥類などの卵をふ化させるための装置

培地の種類

細菌や真菌*の検査や分離をおこなうために、培地が使われます。培地には、寒天で固めた固形培地や液体培地があります。固形培地には、シャーレに入れた平板寒天培地や試験管培地などがあります。

*真菌：カビや酵母、キノコなどの真核生物

平板寒天培地

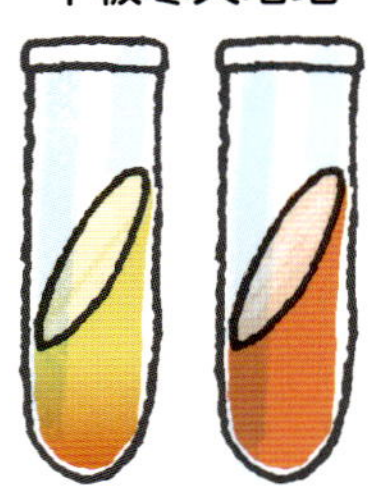

試験管培地

一般的な培養の方法

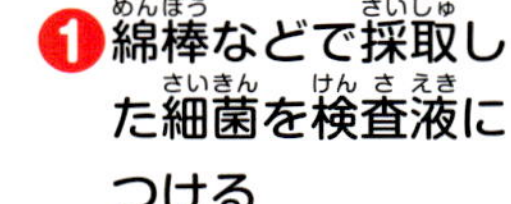

❶綿棒などで採取した細菌を検査液につける

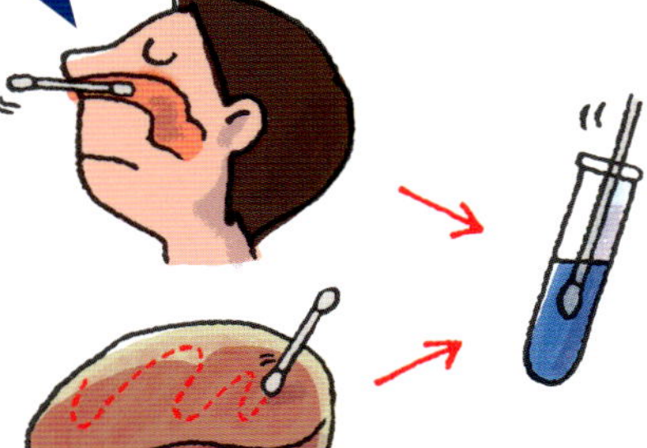

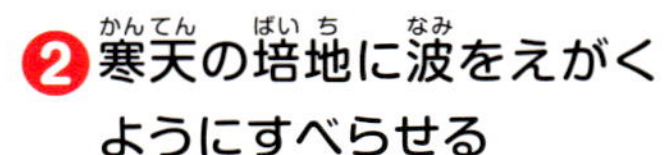

❷寒天の培地に波をえがくようにすべらせる

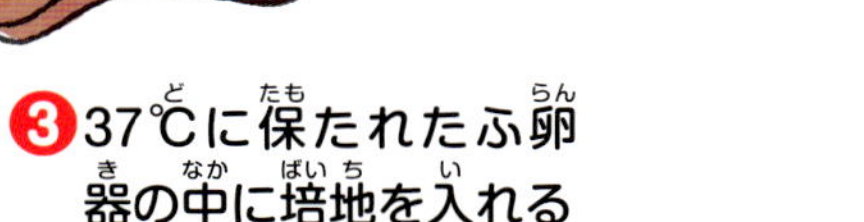

❸37℃に保たれたふ卵器の中に培地を入れる

❹細菌が増えてコロニー*をつくる。そのひとつを取りだして、❶～❸の手順をもう一度くり返すと、1種類の細菌だけを培養することができる

*コロニー：細菌が増えてできるかたまり

細菌とヒトのはてしなきたたかい

抗生物質が効かない耐性菌があらわれるようになりました。

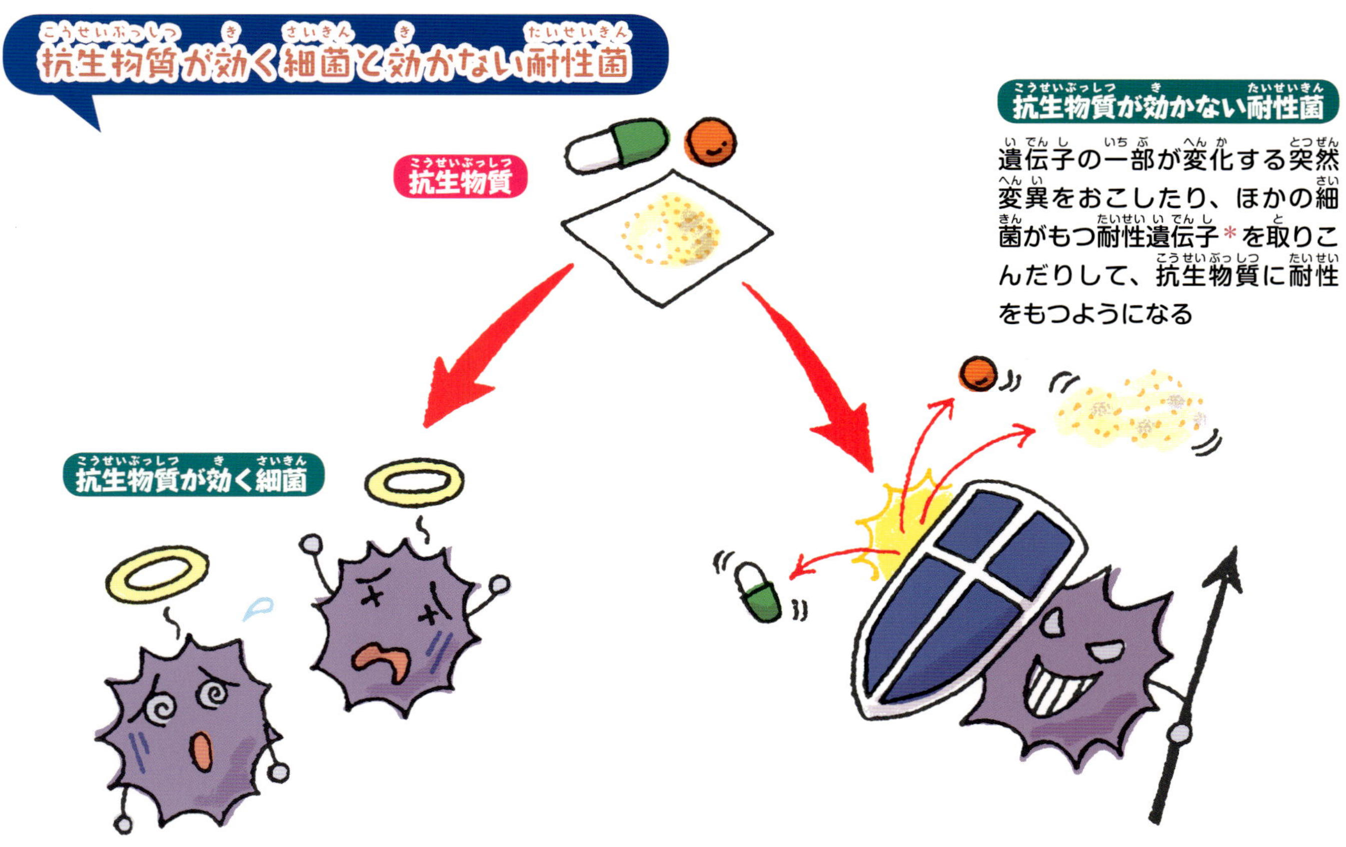

抗生物質が効かない細菌

抗生物質は、ヒトなどに感染症をひきおこす細菌や真菌などのはたらきをさまたげ、感染症の治療に使われる薬です。抗生物質やワクチンの発見や開発が、細菌や真菌などによる多くの感染症から私たちを救ってきました。

しかし、抗生物質が効いていた細菌の中に、抗生物質がまったく効かなくなった「耐性菌」があらわれるようになりました。また、複数の抗生物質が効かない「多剤耐性菌」と呼ばれる細菌もあらわれています。さらに最近では、私たちのおなかの中にふつうにいる大腸菌＊までが、ニューデリー・メタロベータラクタマーゼ（NDM-1）＊という新型酵素を手に入れて、抗生物質に耐性をもつようになりました（NDM-1産生大腸菌→p.37）。

細菌とヒトとのはてしなきたたかいは、いつまでつづくのでしょうか。

＊耐性遺伝子：抗生物質に耐性（薬が効きにくくなること）をもつ遺伝子

＊大腸菌：→『②細菌のはたらき』p.28

＊ニューデリー・メタロベータラクタマーゼ（NDM-1）：細菌がもつ酵素のひとつで、抗生物質を分解する

抗生物質が体内のバランスをくずしてしまう

抗生物質は、私たちに病原性のない細菌や真菌（善玉菌）にもはたらくため、多量に使用すると耐性菌が増えて、体内の細菌や真菌のバランスがくずれてしまうこともあります。これを「菌交代現象」といいます。

また、もともと体内にいる細菌や真菌が減ると、体の外から入ったほかの細菌や真菌などが増えて、病気になる場合もあります。

このように、抗生物質によって環境や体内がきれいになりすぎるのも問題があります。

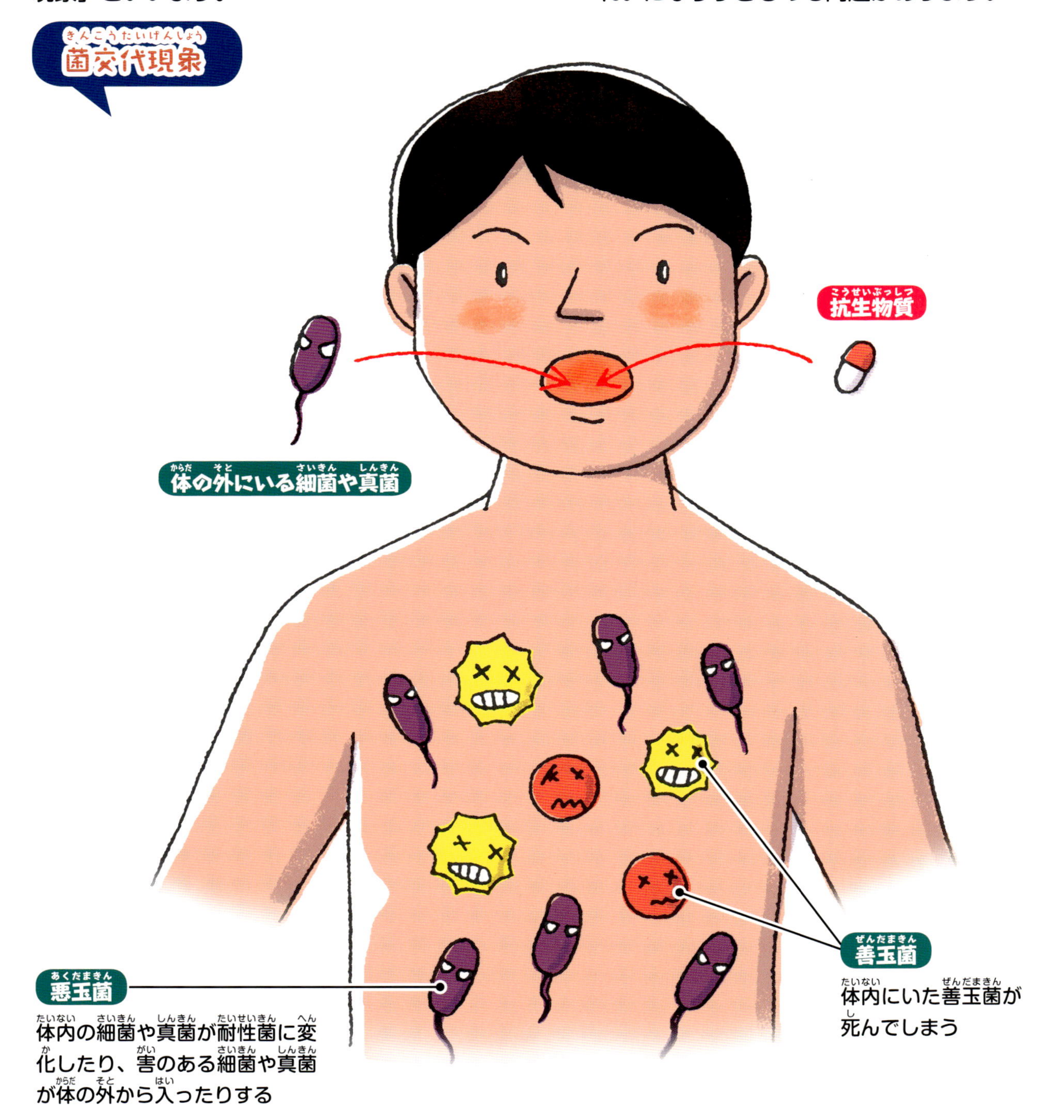

地球温暖化やエルニーニョ現象による感染症の広がりが見られます。

気候条件の変化による感染症の広がり

もともとは熱帯地域で流行する感染症であったマラリア*やウエストナイル熱*、デング熱*などが、近年、世界的な広がりを見せています。これらの感染症をおこす微生物は、カがヒトや動物に媒介します。地球温暖化により、熱帯地域にしかいなかったカが、亜熱帯から温帯地域にも生息域を広げたため、感染症が発生する地域も広がったといわれています。

また、世界的な異常気象をおこすエルニーニョ現象*が、感染症の広がりと関係することが知られるようになりました。エルニーニョ現象により雨が増え洪水が発生した地域では、カやネズミなどの動物やよごれた水が媒介する感染症が急激に増えたといわれています。アメリカ南西部の砂ばくでは、雨が降ることでえさになる生物が豊富になってネズミが増えたため、ハンタウイルス*肺炎症候群が広がっているといわれています。

これらはウイルスや原虫*による感染症の広がりの例ですが、細菌による感染症も地球温暖化やエルニーニョ現象と関係があるといわれています。

*マラリア：→『③真菌のふしぎ』p.37
*ウエストナイル熱：→『①ウイルスの世界』p.34
*デング熱：→『①ウイルスのひみつ』p.37
*エルニーニョ現象：赤道付近のペルー沖から中部太平洋にかけて、海面水温が平年にくらべて高くなり、その状態が1年程度つづく現象
*ハンタウイルス：→『①ウイルスのひみつ』p.37
*原虫：単細胞からなる真核生物

エルニーニョ現象による感染症の広がり

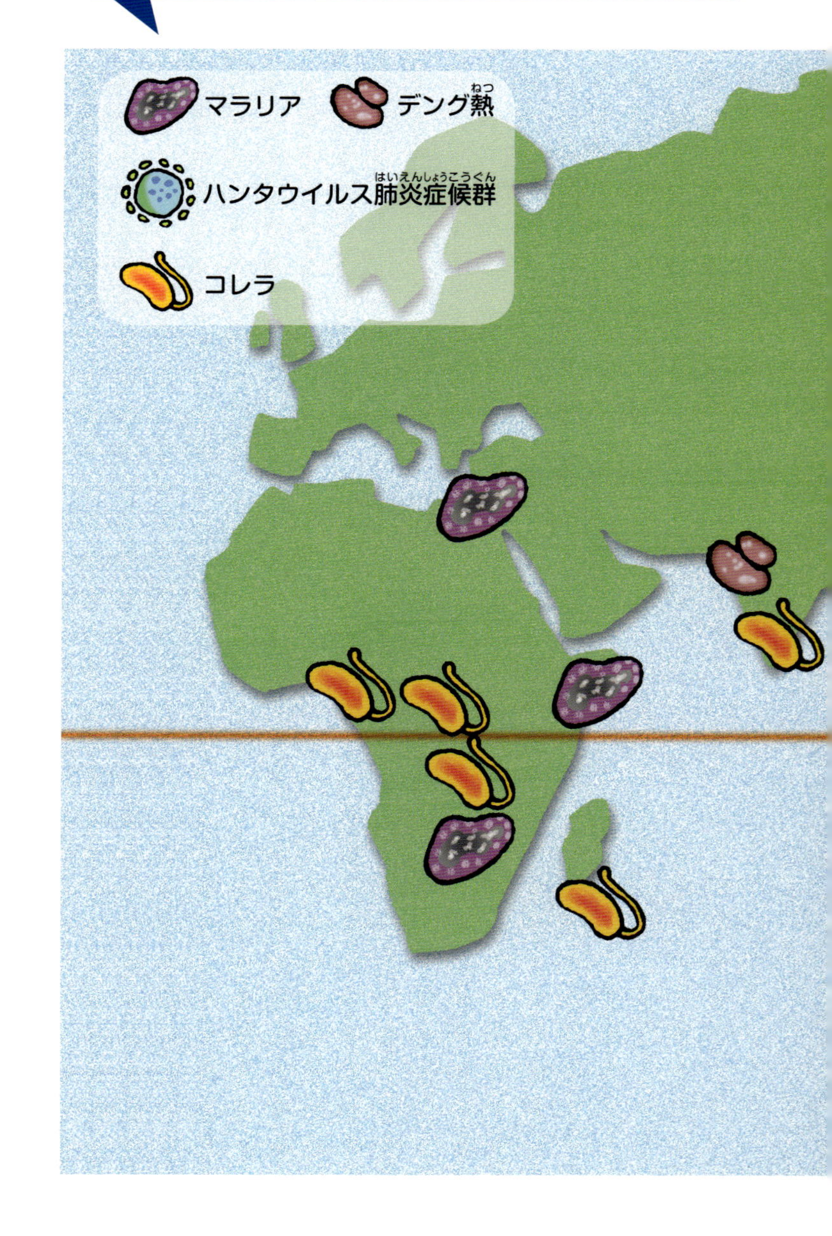

海水温の変化による感染症の広がり

ふつうコレラ菌*は、海水中のプランクトンと共生*しているので、海水温が上がってプランクトンが増えるとコレラ菌も増えることになります。このため、海水温が上がることにより、コレラの流行が広がった地域があります。

バングラデシュでは、海水温が上がった年に、コレラ感染者が急激に増えました。海水温が上がることで海面も上がり、海水中に増えたコレラ菌が海に流れこむ川を伝って感染が広がったといわれています。また、これまでコレラの集団発生が見られなかった南アメリカでも、海水温が上がった年には多くのコレラ感染者が発生するようになりました。

海水温が上がることによる感染症の広がりはコレラだけではありません。アラスカでは、海水温が上がった年に腸炎ビブリオ*の集団発生がありました。日本の近海でも、「人食いバクテリア」と呼ばれるビブリオ・バルニフィカス*の生息域が、海水温が上がることにより北上しているといわれています。

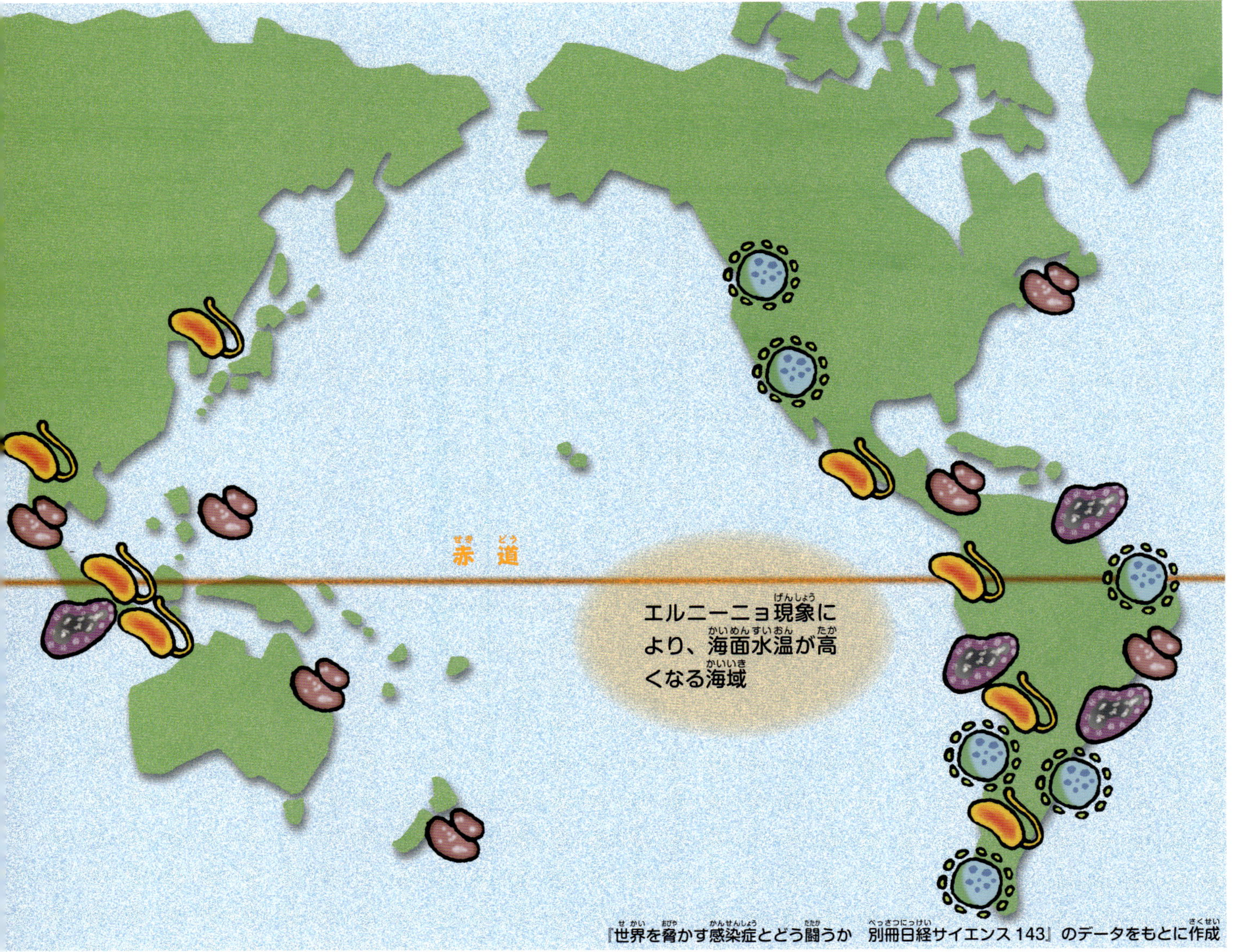

『世界を脅かす感染症とどう闘うか　別冊日経サイエンス143』のデータをもとに作成

*コレラ菌：→『②細菌のはたらき』p.27
*共生：複数の種類の生物が密接な関係をもって生活すること
*腸炎ビブリオ：→『②細菌のはたらき』p.28
*ビブリオ・バルニフィカス：→『②細菌のはたらき』p.33

細菌と遺伝子組換え

遺伝子組換え技術は、ワクチン開発や遺伝子治療に役立っています。

遺伝子組換え技術

遺伝子組換えとは、ある生物のDNA＊から必要な部分を切りだして、別の生物のDNAに組みこむことです。自然界でも、ある細菌のDNAがほかの細菌に伝わり、細菌の性質が変化することがありますが、遺伝子組換えはこれを人工的におこなったものです。近年、この遺伝子組換え技術が急速に進歩しています。

＊DNA：核酸の一種で、生物において遺伝情報を伝える物質

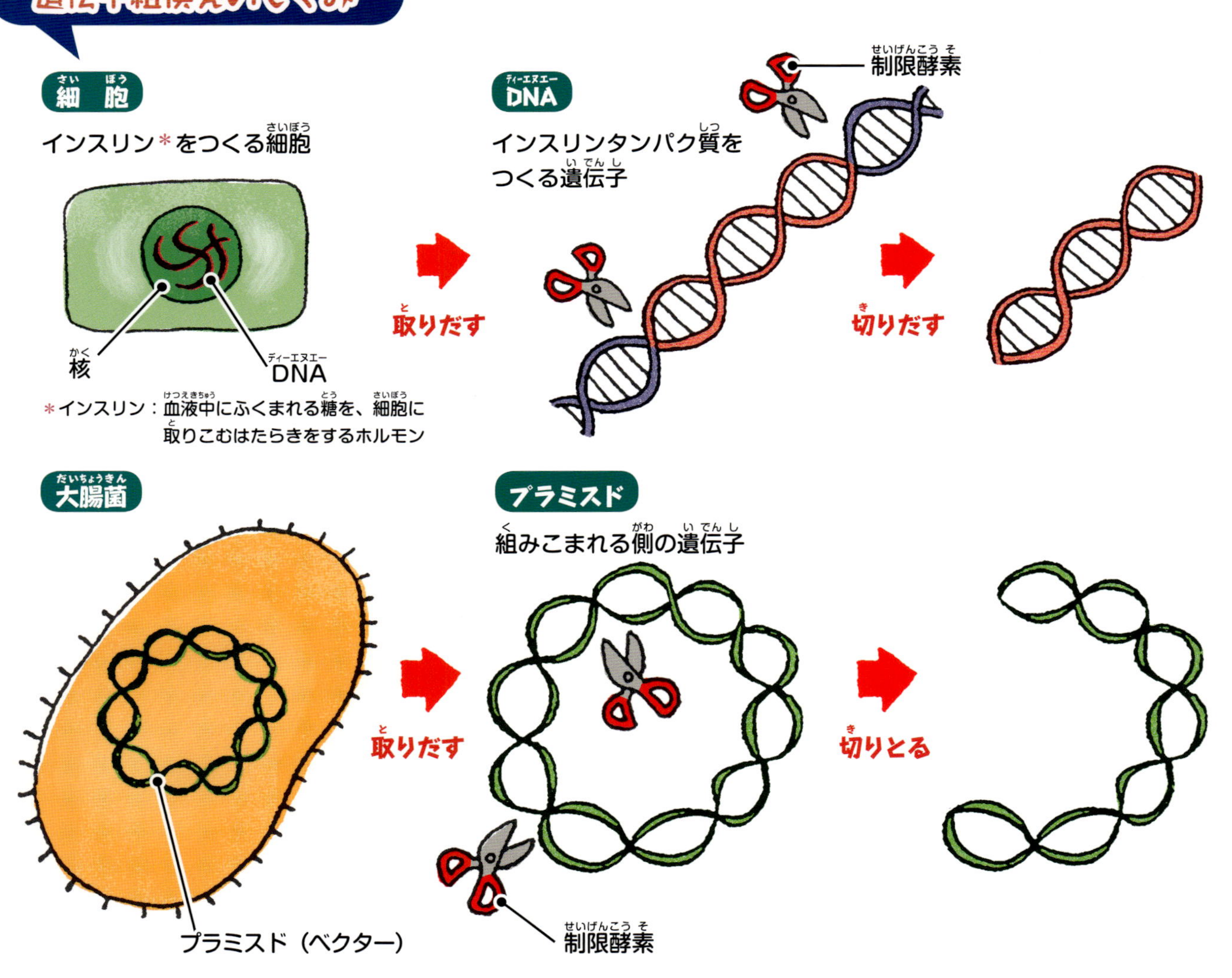

＊インスリン：血液中にふくまれる糖を、細胞に取りこむはたらきをするホルモン

遺伝子組換えの方法と可能性

遺伝子組換えをおこなうには、まず、遺伝子を切るはさみのような役割をもつ「制限酵素」で、必要なDNAを切りだします。次に、これをウイルスや、「プラミスド」と呼ばれる核以外の細胞質の中にあるDNAに組みこみます。ウイルスやプラミスドは、遺伝子組換えをおこなうときの運び屋にあたり、「ベクター」と呼ばれます。また、こうしてできたDNAを「組換えDNA」といいます。

さらに、組換えDNAを大腸菌などの細胞に入れて増やすと、同じ性質の組換えDNA分子や大量のタンパク質をつくりだすことができます。

組換えDNAは、つくる方法がわかっているため、安全性が十分確かめられるといえるかもしれませんが、思いもよらない結果をもたらす可能性もあります。また、病原性を強くした微生物がわざとつくられる危険性もあります。このため、組換え実験をおこなうときは、厳しい規則が決められています。

しかし、遺伝子組換え技術は、副作用のない遺伝子組換えワクチンの開発や遺伝子治療などに大いに役立っています。

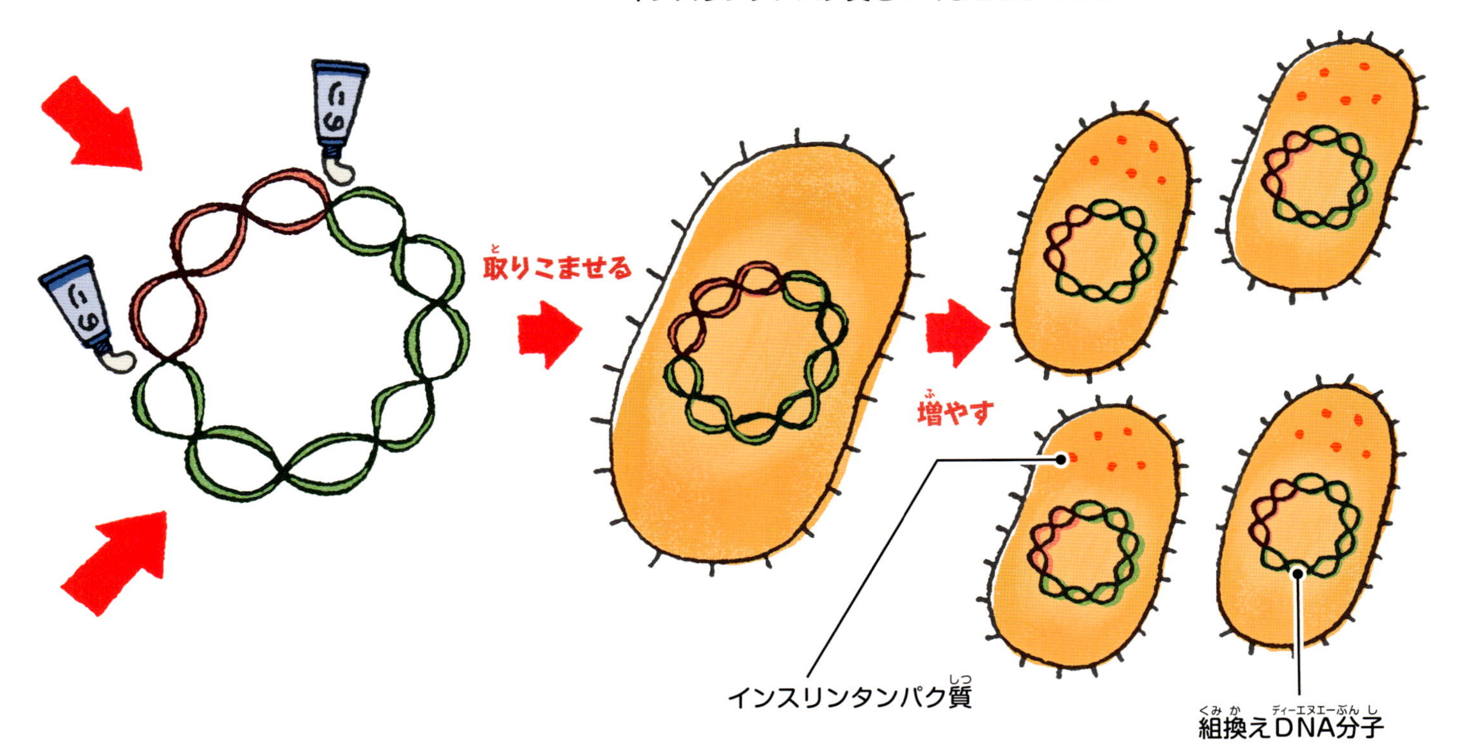

環境をきれいにしてくれる細菌

細菌のはたらきを利用して、環境をきれいにする試みがおこなわれています。

食物連鎖と微生物による浄化作用

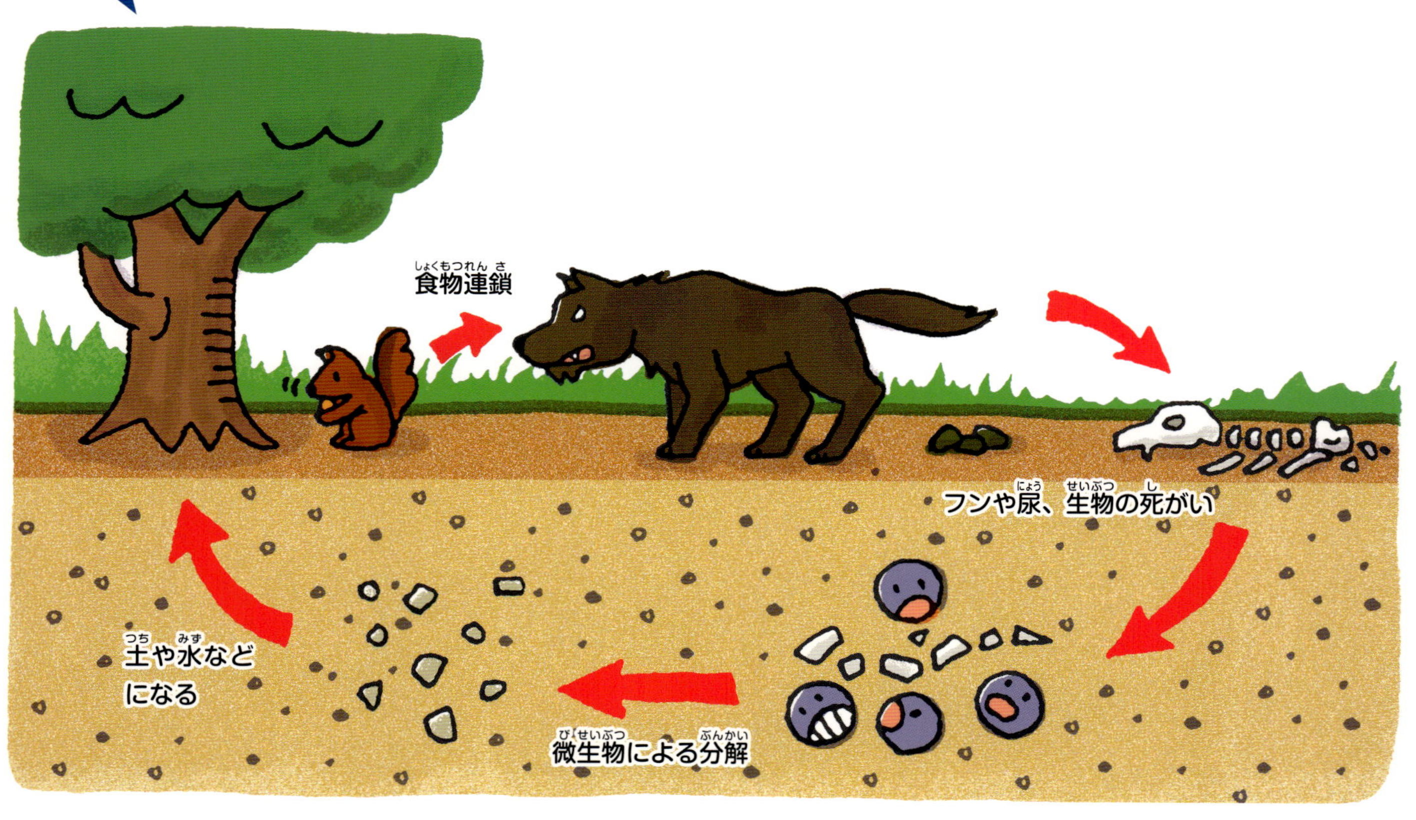

微生物による浄化作用

ヒトや動物が生きるためには栄養素が必要です。その栄養素は食べることで体の中に取りこまれ、いらなくなったものは、フンや尿などにして体外に出されます。何億年も前から、細菌などの微生物がフンや尿などを分解して環境を浄化していたからこそ、この地球は美しく保たれてきたのです。

ところが、微生物による浄化作用だけでは追いつかなくなるほど環境が変化してきました。工業化に代表される私たちヒトの営みの変化が、浄化作用や食物連鎖*の体系をくずしたのです。

最近、細菌などの微生物を利用して、汚染物質を分解・処理して、環境問題を解決する試みがおこなわれています。これを「バイオレメディエーション」といい、実用化されている例はまだわずかですが、これから大いに期待されています。

*食物連鎖：自然界に見られる生物どうしの「食べる」「食べられる」のつながり

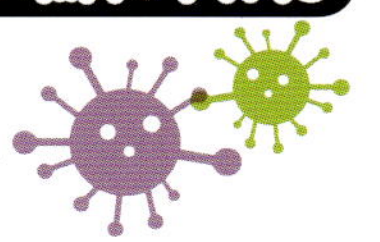

バイオレメディエーションの例

合成洗剤などを分解する細菌

家庭などから流される合成洗剤や農薬、殺虫剤などを分解する細菌がいる

プラスチックやセルロースを分解する細菌

化学的に合成されたプラスチックやセルロースなどを分解する細菌がいる。この細菌を利用すれば、生ゴミのニオイを消して肥料として再利用することもできる

石油を分解する細菌

石油や原油を分解する細菌がいる。1989年、アラスカ湾でタンカーから原油が海に流れでる事故が発生した。そのときには、リンや窒素などを海にまいて石油分解菌を増やし、原油を分解させた

プランクトンを分解する微生物

赤潮やアオコ*を発生させるプランクトンや藻を分解する細菌やウイルスがいる

*赤潮やアオコ：プランクトンが異常に増えて、海や川、湖が赤く見えるのが赤潮。一方、湖や沼に藻が異常に増えて青く見えるのがアオコ

ヒトのくらしや環境に役立つ細菌

細菌の中には、ヒトのくらしや環境に役立つものがいます。

微生物が生みだすものの利用例

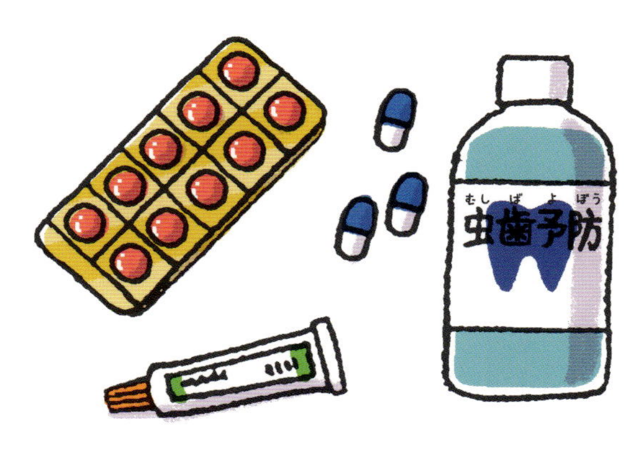

医薬品

枯草菌*などの細菌が生みだすアミラーゼやプロテアーゼなどの酵素は、胃腸薬や炎症をおさえる薬、虫歯予防などに利用されている。また、ステロイドを生みだす細菌もいて、関節リウマチの治療薬として利用されている

*枯草菌：→『②細菌のはたらき』p.37

化学調味料

細菌が生みだすグルタミン酸ナトリウムは、うま味調味料に利用される

工業製品

酢酸菌が生みだすバイオセルロースは、紙やヘッドホンの振動板などに、また、水素細菌や枯草菌が生みだす分解性バイオプラスチックは、糸やフィルム、プラスチック製品などに利用されている

ヒトのくらしに役立つ細菌

細菌は自分自身を守るためにいろいろなものを生みだします。その中には、毒素のようにヒトにとって有害なものもあれば、ヒトの役に立つものもあります。

たとえば、細菌が生みだす有機酸*は、清涼飲料や医薬品、化粧品などの原料に使われています。

また、遺伝子組換え技術により、細菌を使って人工的にヒトに役立つ物質をつくりだすこともあります。このほか、私たちの体の中でビタミンをつくる細菌も注目されています。

*有機酸：炭素をふくむ化合物のうち酸の性質をもつもの

環境にやさしい細菌

水素やメタンを発生させる細菌を利用して、クリーンエネルギーをつくる試みがおこなわれています。家畜のフンや尿、生ゴミなどを細菌が分解するときに発生するメタンガスは「バイオガス」と呼ばれ、電気や熱エネルギーに変えられて利用されています。細菌がつくりだすエネルギーを利用して走ることができる車が誕生することも夢ではないかも知れません。

また、ヒトや植物に害のない微生物農薬も実用化されています。このほか、地球温暖化防止に役立つかもしれない細菌などにも期待が寄せられています。

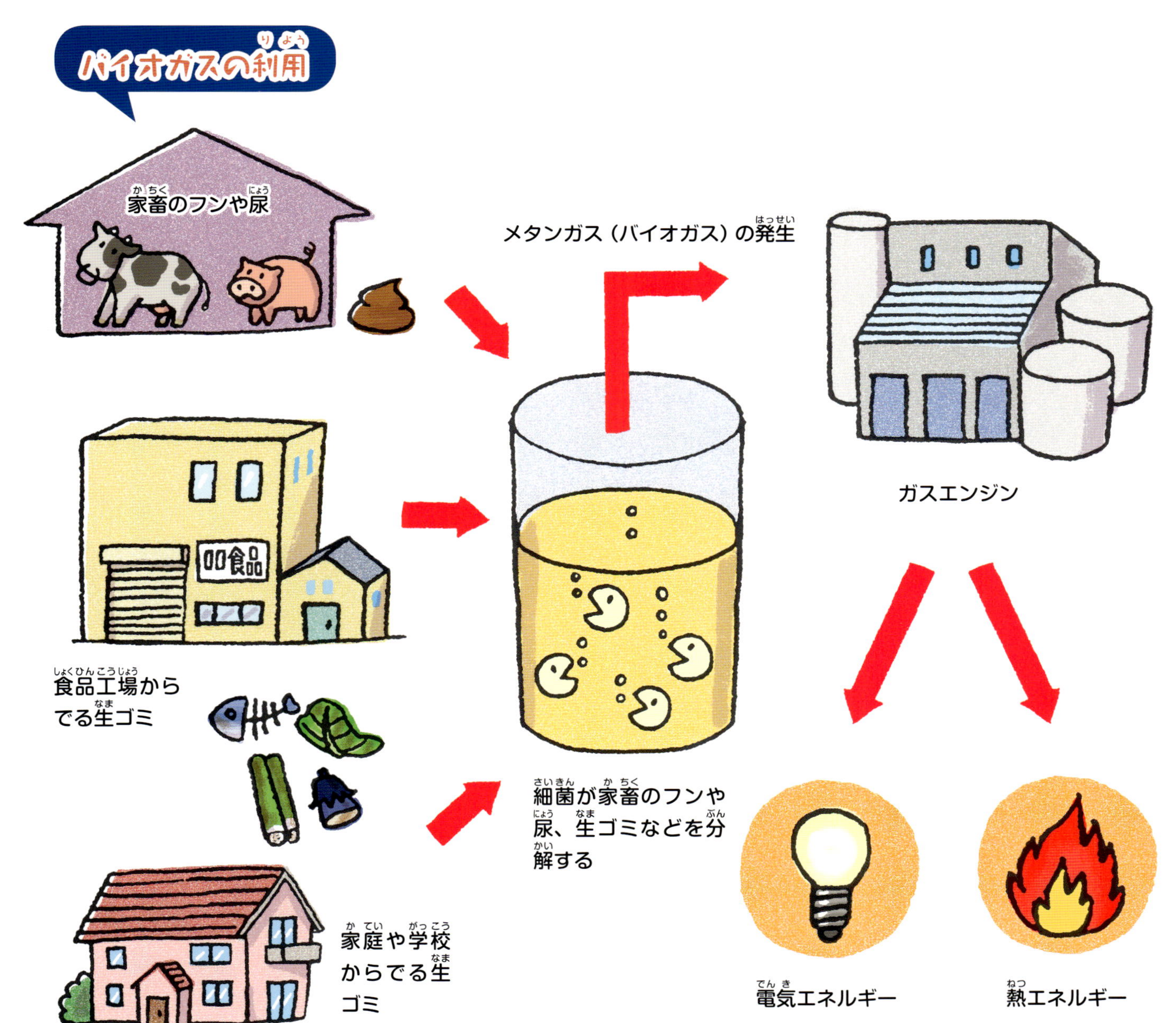

消化器などに感染する細菌

細菌には、胃や腸などの消化器に侵入して感染症をおこすものがいます。

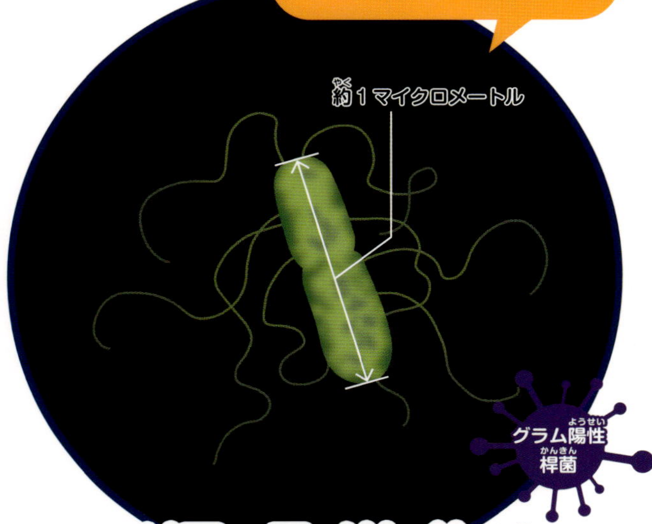

リステリア・モノサイトゲネス

Listeria monocytogenes

感染経路※ 経口感染

症　状 潜伏期間*は数時間～数週間。発熱や頭痛、悪寒、おう吐などをおこすが、細菌性食中毒によく見られる急性胃腸炎はふつうはおこさない

ワクチン なし

「リステリア」という名前は、消毒法を開発したイギリスの医師ジョゼフ・リスターから取られています。この細菌は、低温でも増え、塩分があるところでも活動します。乳製品や食肉、野菜などからヒトに感染してリステリア症をおこします。お年寄りや妊娠中の女性、免疫力が低下しているヒトは症状が重くなることがあり、ずい膜炎*をおこすこともあります。リステリア症は、ヒツジやウシなどの家畜にも感染する人獣共通感染症*です。

※感染経路については、後ろの見返しにくわしく解説しています。
*潜伏期間：病原体に感染してから症状がでるまでの期間

エルシニア症をおこす

約1.5マイクロメートル

グラム陰性
桿菌

エルシニア・エンテロコリティカ

Yersinia enterocolitica

感染経路 経口感染、接触感染

症　状 潜伏期間2～11日。下痢や腹痛をともなう発熱、頭痛、せき、のどの痛みなど、かぜのような症状をおこす

ワクチン なし

ペスト菌*と同じ仲間で、5℃以下の冷蔵庫の中でも増えます。ふだんはおもに家畜などの中にいて、汚染された食肉などからヒトに感染します。乳幼児では下痢症、幼少児では虫垂炎*など、さらに年齢が上がると関節炎なども見られます。輸血による感染が知られ、海外では亡くなった人もいます。この細菌によるエルシニア症は人獣共通感染症です。

*ずい膜炎：脳やせきずいをおおう膜が炎症をおこす
*人獣共通感染症：ヒトと動物両方に感染・寄生する病原体によりおこる病気
*ペスト菌：→『②細菌のはたらき』p.34
*虫垂炎：盲腸の先にある虫垂が炎症をおこす

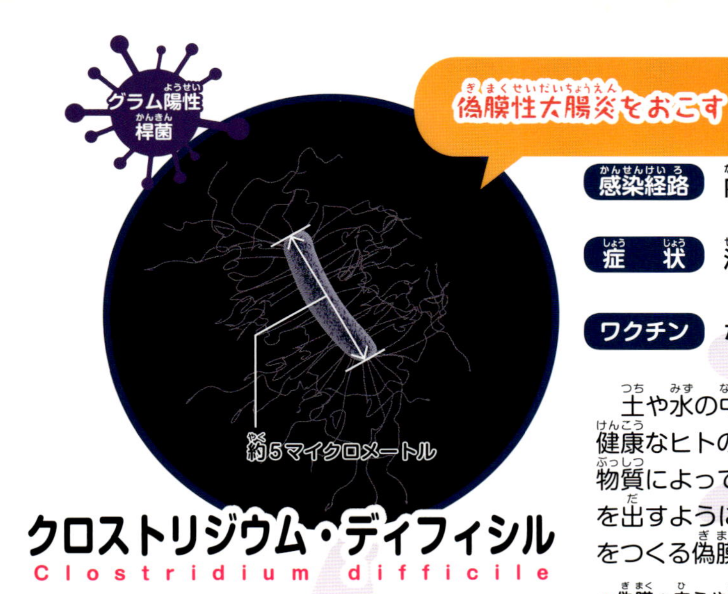

クロストリジウム・ディフィシル
Clostridium difficile

偽膜性大腸炎をおこす

感染経路 内因感染、経口感染

症　状 潜伏期間は数日～数週間。偽膜性大腸炎、下痢、腹痛をおこす

ワクチン なし

土や水の中、イヌやネコなどのペットにもふつうに見られ、わずかですが健康なヒトの大腸にもいます。抗生物質が効かない耐性菌であるため、抗生物質によってほかの細菌がいなくなると、この細菌だけが異常に増えて毒素を出すようになります。この毒素が腸の粘膜に障害をおこし、円形の偽膜*をつくる偽膜性大腸炎をおこします。

*偽膜：皮ふや粘膜が破れたところから、血しょうがしみ出して固まり、膜のようになったもの

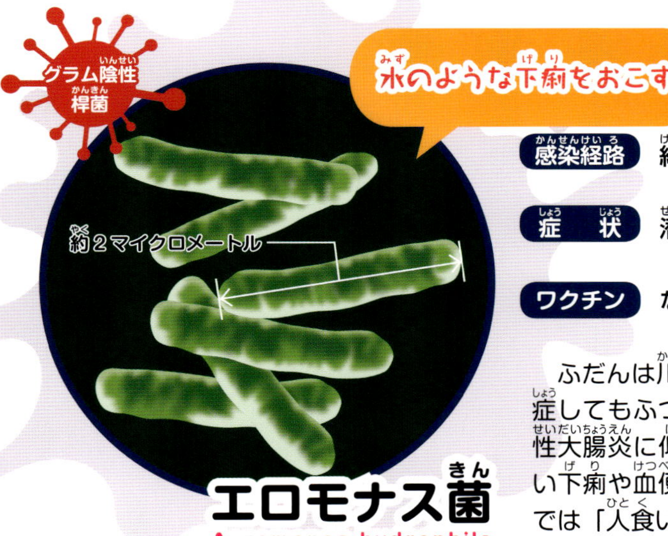

エロモナス菌
Aeromonas hydrophila

水のような下痢をおこす

感染経路 経口感染、創傷感染

症　状 潜伏期間は平均12時間。水のような下痢や腹痛をおこす

ワクチン なし

ふだんは川や湖のよごれた水中など、淡水にいる細菌です。感染して発症してもふつうは1～3日で回復します。しかし、下痢がつづくと潰瘍*性大腸炎に似た状態をおこすこともあり、ときにはコレラ*のような激しい下痢や血便をともなうこともあります。さらに、免疫力の低下したヒトでは「人食いバクテリア」に変わる場合もあります。

*潰瘍：皮ふや粘膜の組織がこわされた状態
*コレラ：→『②細菌のはたらき』p.27

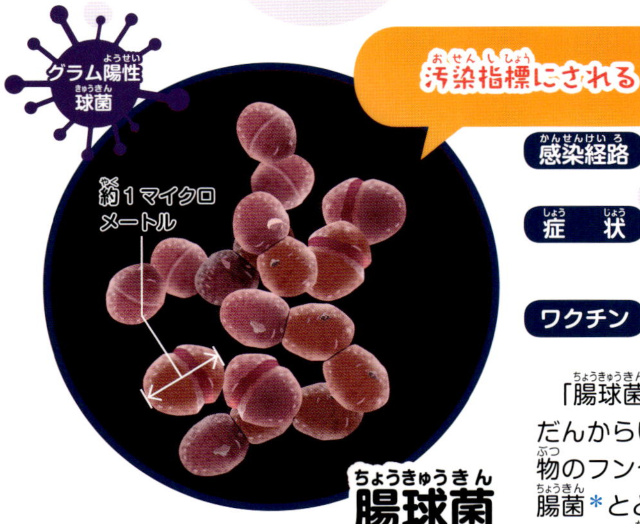

腸球菌
Enterococcus (Streptococcus)

汚染指標にされる

感染経路 内因感染、経口感染

症　状 潜伏期間は不明。ふだんは腸内にいて、ごくまれに下痢や尿道炎をおこす

ワクチン なし

「腸球菌」は特定の細菌の名前ではなく、おもにヒトやほ乳類の腸内にふだんからいる細菌のうち、レンサ球菌*のグループをいいます。ヒトや動物のフンや尿で汚染された水や土の中にもいます。加熱や冷凍に強く、大腸菌*とともに汚染指標菌*になっています。ヒトに対する病原性は弱く、ふつうは害はありませんが、体が弱っていると感染することもあります。

*レンサ球菌：球菌の中で、「連なった鎖（連鎖）」のように増える種類のもの
*大腸菌：→『②細菌のはたらき』p.28
*汚染指標菌：食品などがどれだけ汚染されているかを調べる基準とされる細菌

呼吸器などに感染する細菌

細菌には、気管支や肺などの呼吸器に感染するものがいます。

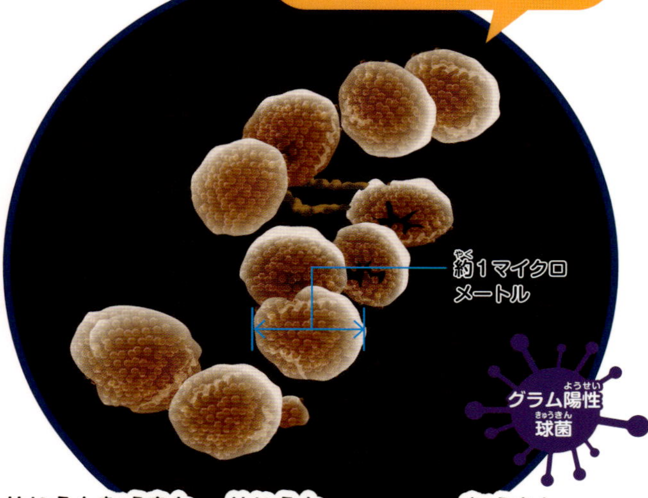

肺炎球菌（肺炎レンサ球菌）

Streptococcus pneumoniae

感染経路 空気感染、接触感染

症状 潜伏期間は不明。肺炎*や敗血症*、ずい膜炎などをおこす

ワクチン 高齢者用と小児用ワクチンがある

気道感染症をおこす重要な細菌です。乳幼児などでは鼻からのどのあたりにいて、感染すると鉄さび色のたんを出し、急性中耳炎*や菌血症*もおこします。ずい膜炎をおこすと後遺症が残り、亡くなることもあります。また、血管をつまらせる小さな血栓をつくることがあり、多臓器不全になって、発症から24時間以内に亡くなる場合もあります。

* 肺炎：肺のはれや痛み、発熱、せき、呼吸困難をおこす
* 敗血症：病原体が血液やリンパ管に侵入して全身が炎症をおこす、命にかかわる感染症
* 中耳炎：耳の内側の中耳に、はれや痛みをおこす
* 菌血症：血液に細菌が侵入した状態

NDM-1をもつ耐性菌

約3マイクロメートル

グラム陰性桿菌

肺炎桿菌（クレブジエラ菌）

Klebsiella pneumoniae

感染経路 内因感染、空気感染

症状 潜伏期間は不明。肺炎や肺膿瘍*、膿胸*、敗血症をおこす

ワクチン なし

ふだんからヒトの口の中や腸にいる細菌ですが、おもに抵抗力が低下したヒトに、呼吸器感染症や尿路感染症*などをひきおこします。毒性の弱い細菌ですが、異常に増えて毒素を出すことがあります。肺炎球菌はグラム陽性菌ですが、肺炎桿菌はグラム陰性菌なので、治療に使える薬（抗生物質・抗菌薬）はまったく異なります。最近、大腸菌とともに薬の効かないニューデリー・メタロベータラクタマーゼ（NDM-1）をもつ耐性菌として問題になっています。

* 肺膿瘍：肺に空洞ができてうみがたまった状態
* 膿胸：肺の表面と胸の内側をおおう胸膜にうみがたまった状態
* 尿路感染症：腎臓、尿管、ぼうこうから尿道口にいたるおしっこの通り道におこる感染症

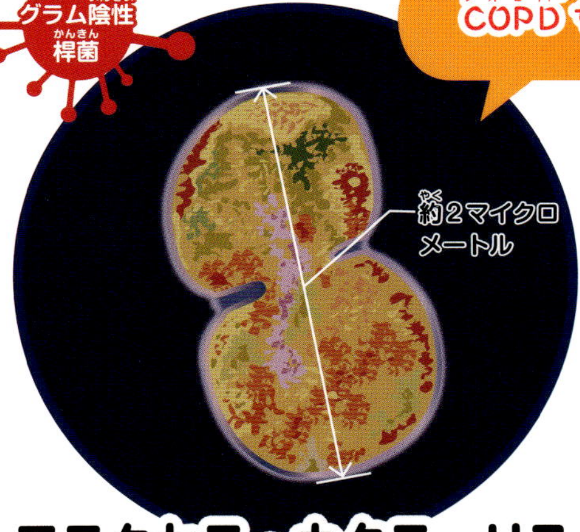

モラクセラ・カタラーリス
Moraxella catarrhalis

COPDを悪化させる

感染経路 内因感染、飛沫感染

症　状 潜伏期間は不明。肺炎、気管支炎、副鼻腔炎＊や、子どもに急性中耳炎をおこす

ワクチン なし

肺炎球菌やインフルエンザ菌＊とともに、ヒトの慢性閉塞性肺疾患（COPD）＊を悪化させる代表的な細菌として知られています。口の中、鼻からのどなどにいる細菌で、体が弱っていると発症することがあります。また、子どもに急性中耳炎をひきおこしますが、治療がむずかしいといわれています。

＊副鼻腔炎：鼻の穴のそばにある副鼻腔が傷み、鼻汁がでる症状

＊インフルエンザ菌：→『②細菌のはたらき』p.31
＊慢性閉塞性肺疾患（COPD）：タバコのけむりなどの有害物質を吸いこむことによって、肺が炎症をおこす病気

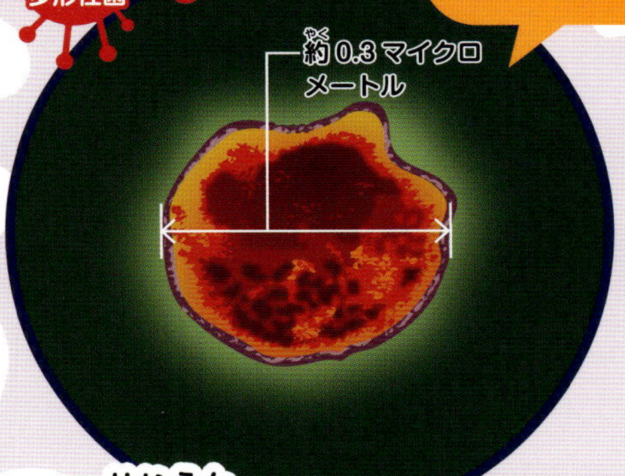

肺炎クラミディア
Chlamydia pneumoniae

肺炎をおこす

感染経路 飛沫感染、接触感染

症　状 潜伏期間は約3週間。がんこなせきが長びく

ワクチン なし

肺炎の原因の約10％をしめる細菌です。青年に多いマイコプラズマ肺炎＊と異なり、子どもからお年寄りまで感染します。家族内感染や保育園、学校などでも流行が見られます。感染しても症状がでないことも多く、発症してもかぜに似た症状にとどまることが多いようです。副鼻腔炎や気管支炎、慢性閉塞性肺疾患（COPD）もひきおこすことがあります。

＊マイコプラズマ肺炎：→『②細菌のはたらき』p.31

トラコーマ・クラミディア
Chlamydia trachomatis

年間600万人が失明する

感染経路 接触感染、母子感染（産道感染）

症　状 潜伏期間は6～7日で、結膜炎＊をおこす。鼻炎や肺炎をおこすこともある

ワクチン なし

眼の結膜に感染して、結膜炎をひきおこす細菌です。アフリカや地中海東部、アジアなどで感染が多く、年間600万人が失明するといわれていますが、近年日本での発症例はありません。赤ちゃんが生まれるときに、お母さんの産道で感染することがあるため、予防対策として出生直後に目薬をさします。また、性的な接触行為によって感染する、性器（陰部）クラミディア症が増えています。

＊結膜炎：まぶたのうらや白目の部分が充血し、目ヤニがでる症状

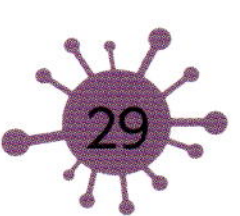

化膿・壊死・炎症をおこす細菌

細菌には、皮ふや筋肉などに化膿や壊死、炎症をひきおこすものがいます。

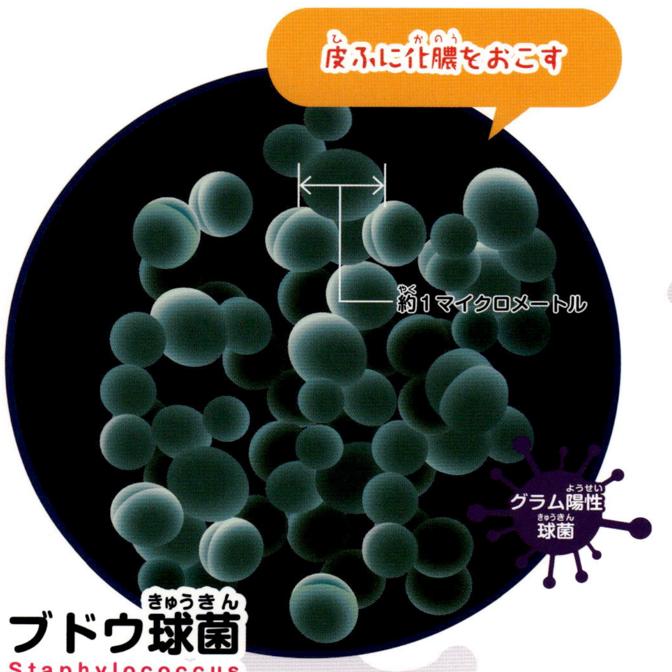

ブドウ球菌

Staphylococcus

感染経路 内因感染、接触感染

症状 潜伏期間は種類によりさまざまで、化膿性皮ふ炎や膿瘍*、膿痂疹*をおこす

ワクチン なし

ブドウ球菌にはいくつかの仲間がいます。もっとも病原性が強く食中毒などをおこす黄色ブドウ球菌*のほかに、抗生物質が効かないメチシリン耐性黄色ブドウ球菌（MRSA）やバンコマイシン耐性黄色ブドウ球菌（VRSA）が知られています。また、院内感染や手術移植後の感染をひきおこす表皮ブドウ球菌や、ぼうこう炎や尿道炎などの尿路感染症をひきおこすブドウ球菌も知られています。

* 膿瘍：炎症をおこした部分の組織がこわれて空洞ができ、そこにうみがたまる
* 膿痂疹：皮ふが化膿して、水疱やかさぶたができる
* 黄色ブドウ球菌：→『②細菌のはたらき』p.29

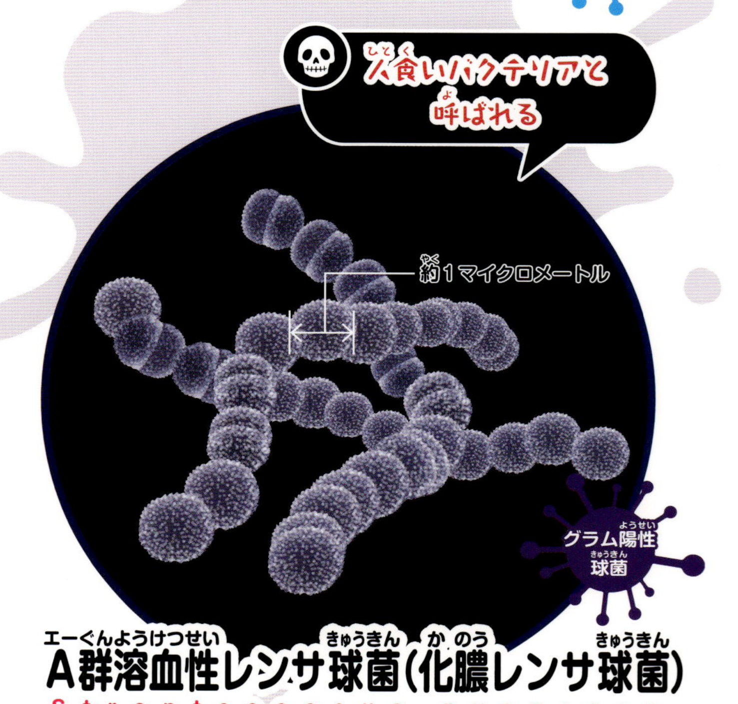

A群溶血性レンサ球菌（化膿レンサ球菌）

Streptococcus pyogenes

感染経路 飛沫感染、接触感染、創傷感染

症状 潜伏期間は2～5日。化膿性皮ふ炎のほか、のどや扁桃*腺の炎症、膿痂疹、猩紅熱*などをおこす

ワクチン なし

この細菌は、のどや扁桃腺の炎症、中耳炎、肺炎、化膿性関節炎、ずい膜炎などをひきおこします。また、本来病原体に対してはたらくはずの免疫が、自分のからだに対してはたらくことで、リウマチ熱*や急性糸球体腎炎*をおこすことも知られています。劇症型溶血性レンサ球菌感染症*をおこすこともあり、「人食いバクテリア」のひとつとして問題になっています。

* 扁桃：のどのまわりにある器官で、リンパ球をつくる
* 猩紅熱：発熱や発疹がでて、舌はイチゴのように赤くなる
* リウマチ熱：関節痛をともなう高熱症状。心臓に炎症をおこすこともある
* 糸球体腎炎：腎臓にある糸球体の炎症
* 劇症型溶血性レンサ球菌感染症：レンサ球菌が原因でおこる敗血症で、急速に多臓器不全に進行する

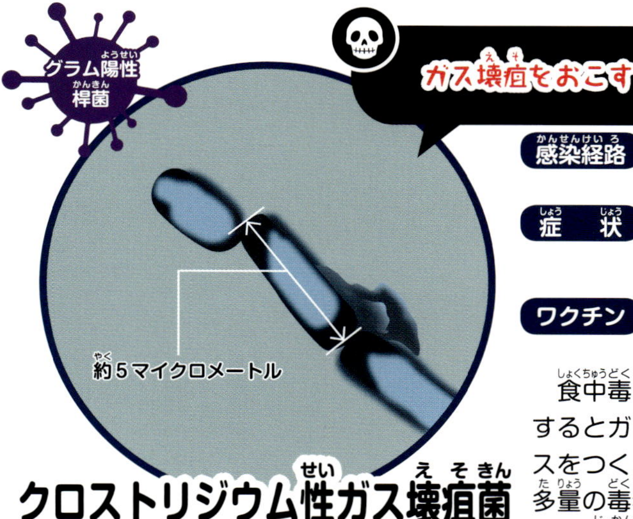

クロストリジウム性ガス壊疽菌
Clostridium

感染経路 創傷感染

症　状 潜伏期間は10時間～3日。皮ふや皮下組織、筋肉などに壊死をおこす。敗血症や多臓器不全をおこすこともある

ワクチン なし

食中毒をおこすウェルシュ菌*を代表とするこの仲間の細菌には、感染するとガス壊疽*をひきおこすものがいます。筋肉などでメタンなどのガスをつくりながら感染が広がるため、くさったニオイを出します。また、多量の毒素が血中に入ると、敗血症や多臓器不全をおこし、治療をしないと48時間以内に亡くなります。

*ウェルシュ菌：→『②細菌のはたらき』p.29
*ガス壊疽：傷口から細菌が侵入することにより、筋肉が壊死（細胞が死滅）して命にかかわる感染症

コリネバクテリウム・ジフテリア
Corynebacterium diphtheriae

感染経路 飛沫感染

症　状 潜伏期間は2～5日。のどの痛み、イヌがほえるようなせき、おう吐などをおこす

ワクチン トキソイド*

のどや鼻、皮ふ、眼の結膜、生殖器などに感染し、ジフテリアをおこします。発症するのは10％程度です。扁桃のあたりにねばりのある灰色の偽膜をつくるのが特ちょうで、これによって、気道がつまって窒息死することもあります。しかし、ワクチンが開発されたことで、発症者は大きく減っています。

*トキソイド：免疫力は保ったまま細菌の毒性をなくしてつくったワクチン。ジフテリア、破傷風の予防に使われる

ずい膜炎菌（ナイセリア菌）
Neisseria meningitidis

感染経路 飛沫感染

症　状 潜伏期間は不明。ずい膜炎や敗血症をおこす

ワクチン ずい膜炎菌ワクチン

淋菌*と同じ仲間で、球菌がふたつつながった形をしています。生後6か月から2歳までの乳幼児と青年に多く感染します。健康な人の5～20％がこの細菌をもっています。感染すると気道から血中に入り、ずい液に侵入することにより、ずい膜炎や敗血症をおこします。アフリカや中東を中心に流行し、サハラ砂ばくより南に流行地帯があります。流行地域以外では、1998年にイギリスで1500人以上が発症し、150人が亡くなったと報告されています。

*淋菌：→『②細菌のはたらき』p.32

人獣共通感染症をおこす細菌

細菌の中には、ヒトにも動物にも感染する細菌がいます。

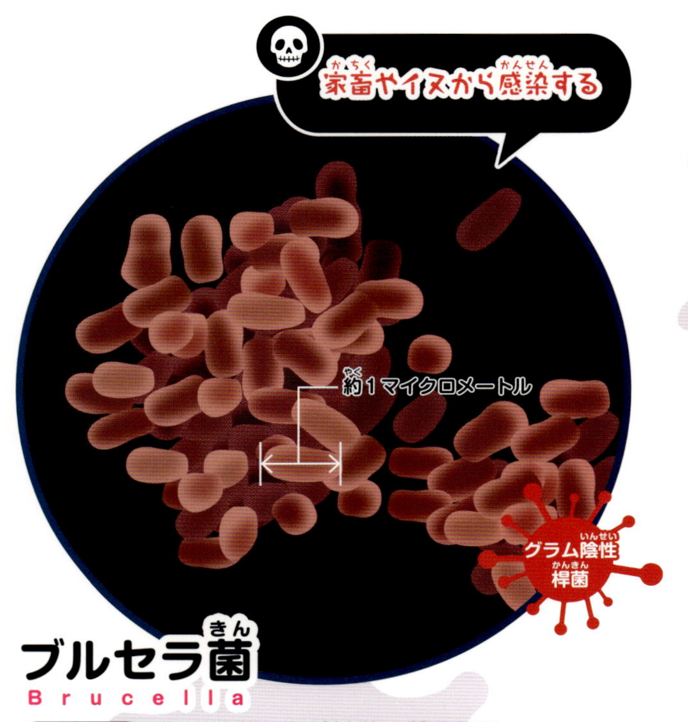

ブルセラ菌
Brucella

感染経路 接触感染、経口感染、空気感染

症状 潜伏期間は2～3週間。発熱や発汗、頭痛などををおこし、重症化すると亡くなることもある

ワクチン なし（家畜用には弱毒ワクチンがある）

ヒトにも動物にも感染する細菌で、種類により感染する動物が異なります。ヒトにはおもに、感染した動物との接触により感染します。重症化すると脳炎*やずい膜炎、心内膜炎*などをおこし、亡くなることもあります。ウシのブルセラ菌から感染するとバング熱、ヒツジ・ヤギからはマルタ熱（地中海熱）と呼ばれます。日本では家畜からの感染はほぼなくなりましたが、最近はイヌからの感染例が報告されています。

*脳炎：脳にはれや痛みをおこし、発熱、頭痛、まひなどの症状がでる
*心内膜炎：血液から侵入した微生物が心臓弁にとどまり、心臓の内側の膜や心臓弁に感染症をおこす

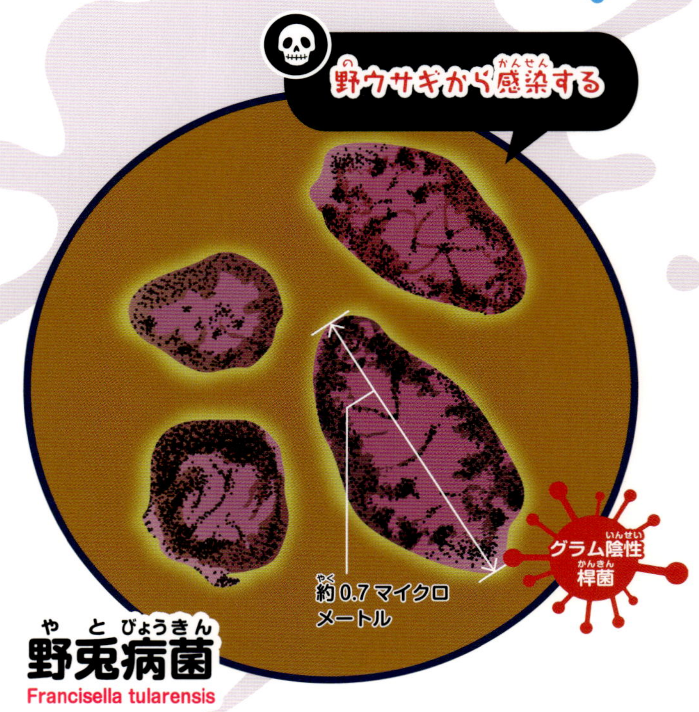

野兎病菌
Francisella tularensis

感染経路 接触感染、経口感染

症状 潜伏期間は3～10日で、突然の波状熱*や頭痛、悪寒、吐き気、おう吐などをおこす

ワクチン 弱毒生ワクチンの皮下接種

野ウサギやプレーリードッグなどに感染し、感染した動物との接触によりヒトにも感染しますが、ヒトからヒトへの感染はおこりません。野兎病は、北アメリカやロシアなどおもに北半球で発生し、日本では東北、関東で発生が多く見られました。おもに、農業や狩猟にたずさわる人などが感染します。とくに北アメリカの野兎病菌は毒性が強く、重症化することがあります。発症後、治療しなければ、亡くなる可能性は30％以上にのぼり、生物兵器としての使用も心配されています。

*波状熱：発熱する時期としない時期が区別される発熱のしかた

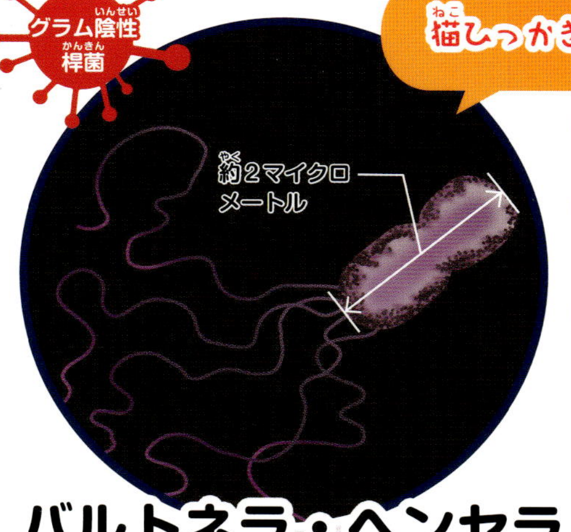

バルトネラ・ヘンセラ
Bartonella henselae

感染経路 創傷感染、動物媒介

症状 潜伏期間は約10日で、傷口が赤くはれる。リンパ節の炎症、発熱や神経症状、全身のだるさ、関節痛などをおこすこともある

ワクチン なし

ネコの体内にいる細菌ですが、ネコに対する病原性はありません。ネコの血を吸って感染したノミの体内で増えます。感染したノミのフンがついたネコの歯やツメでかまれたりひっかかれたりすることでヒトに感染すると考えられています。日本では「猫ひっかき病」と呼ばれ、感染は子どもに多く、夏によく見られます。

グラム陰性 桿菌

鼠咬症をおこす

約3マイクロメートル

モニリホルムレンサ桿菌
Streptobacillus moniliformis

感染経路 動物媒介、経口感染、空気感染

症状 潜伏期間は3~10日で、上がり下がりをくり返す発熱や頭痛、関節炎、リンパ節のはれ、筋肉痛をおこす

ワクチン なし

ネズミやリスがもっている細菌で、それらからかまれるだけでなく、それらをつかまえて食べるイヌやネコにかまれたり、ひっかかれたりすることでも感染します。発症後、治療しなければ、亡くなる可能性は13％とされています。ほかに、この鼠咬症をおこす細菌には、「スピリラム・ミーヌス」というグラム陰性のらせん菌も知られています。

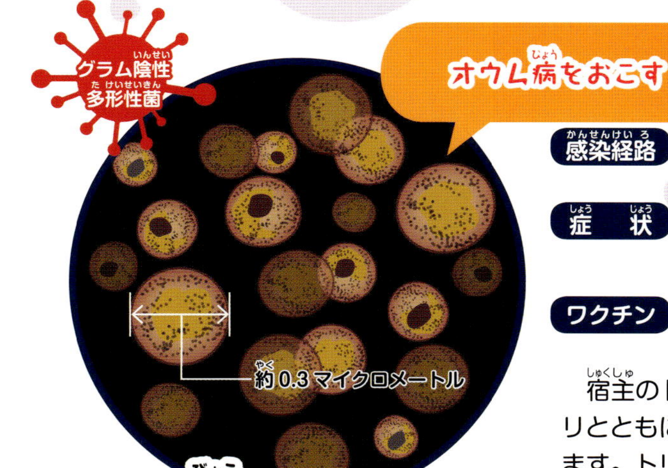

オウム病クラミディア
Chlamydia psittaci

感染経路 飛沫感染、接触感染

症状 潜伏期間は1～2週間。インフルエンザ*のように、突然の高熱（39℃以上）やせきの症状をおこす

ワクチン なし

宿主のトリからフンやだ液とともに体外にでます。ヒトへの感染は、ホコリとともに吸いこんだり、口移しでトリにえさをやったりすることでおこります。トリにはふつう症状がでませんが、ヒトでは治療がおくれると肺炎や気管支炎などをおこすこともあります。また、ウシやウマが感染すると、流産をひきおこすことがあります。オウム病は、トリ以外の小動物などから感染することもあります。

*インフルエンザ：→『①ウイルスのひみつ』p.28

昆虫や動物から感染する細菌

細菌の中には、ノミやダニなどの昆虫や動物からヒトに感染するものがいます。

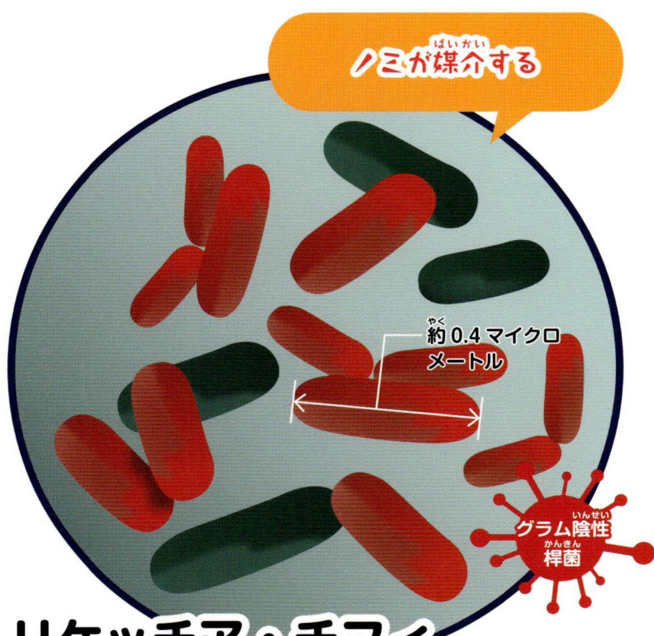

リケッチア・チフィ
Rickettsia typhi

感染経路 動物媒介、空気感染

症状 潜伏期間は1～2週間（平均10日間）で、発熱や頭痛、発疹などをおこす（発疹熱）

ワクチン なし

ネズミとノミの間で感染がくり返され、そのどちらもが感染源になります。感染したノミのフンが皮ふの傷口から入ることでヒトに感染します。さらに、ノミのフンで汚染されたほこりを吸いこむことによる感染もあります。発疹チフス*に似ていますが、多くの場合、症状はより軽く、亡くなる可能性は1％以下です。世界的に発生は少なくなり、日本国内でも報告はありませんでしたが、2003年にベトナムから、2008年にはインドネシアのバリ島からの帰国者に感染例が報告されています。なお、ヒトからヒトへ直接感染することはありません。

コクシエラ・バーネッティ
Coxiella burnetii

感染経路 空気感染、経口感染、動物媒介

症状 潜伏期間は2～3週間で、高熱や頭痛、筋肉痛、全身のだるさなどをおこす

ワクチン なし

ウシやヤギ、ヒツジ、イヌ、ネコなど家畜やペットからヒトに感染します。ヒトからヒトへの感染はありません。感染者の50％は発症しませんが、重くなると肺炎や肝炎をおこすことがあり、亡くなる可能性は1～2％です。高熱がでる原因がこの細菌によるものとわからなかったため、英語の「不明（Query）熱」の頭文字から「Q熱」という病名がつけられました。全世界で発生が見られ、日本でも年間30人ほどの発症例が報告されています。外国では家畜からの感染が多いのにくらべ、日本ではネコからの感染が多いとされています。

* 発疹チフス：→『②細菌のはたらき』p.34

グラム陰性 桿菌

日本で発見された

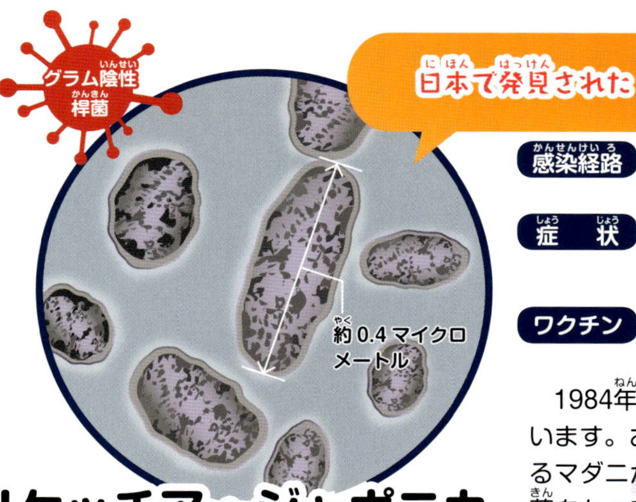

リケッチア・ジャポニカ
Rickettsia japonica

感染経路 動物媒介

症状 潜伏期間は2～8日で、発熱や発疹をおこす。マダニにかまれたところにはかさぶたができる

ワクチン なし

1984年、徳島県ではじめて発見され、年間40件ほどの発生が報告されています。おもに西日本で春から秋にかけて発症があります。森林に生息するマダニが感染しており、小型のネズミの仲間や野生のシカなどもこの細菌をもっているといわれます。この細菌による「日本紅斑熱」の症状は、ツツガムシリケッチア*などの感染症状に似ています。

*ツツガムシリケッチア：→『②細菌のはたらき』p.35

グラム陰性 らせん菌

マダニが媒介する

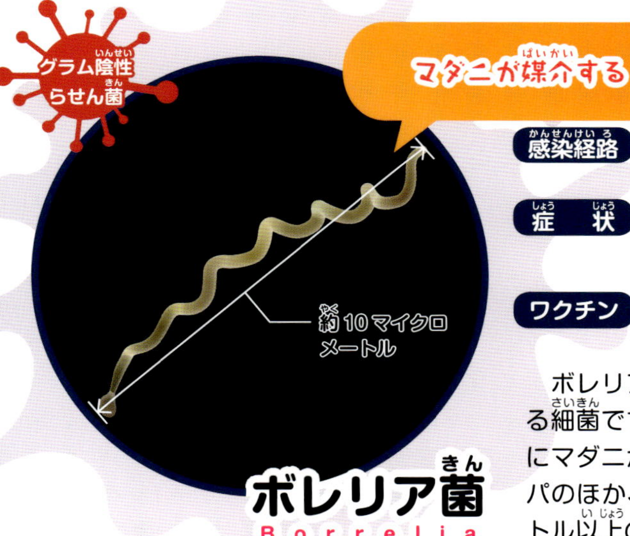

ボレリア菌
Borrelia

感染経路 動物媒介

症状 潜伏期間は数日～数週間。皮ふ炎やずい膜炎、関節炎、筋肉痛などをおこす。マダニにかまれたところは赤くなる

ワクチン なし

ボレリア菌はスピロヘータ*の一種で、野ネズミや野鳥などがもっている細菌です。ボレリア菌による「ライム病」は、ヒトやイヌ、ウマ、ウシにマダニが媒介して感染する人獣共通感染症です。北アメリカやヨーロッパのほか、日本でも夏から初秋にかけて、北海道や長野県の標高800メートル以上の山岳地域などで感染が見られます。

*スピロヘータ：らせん状をしたグラム陰性菌のグループ

グラム陰性 多形性菌

エーリキア症をおこす

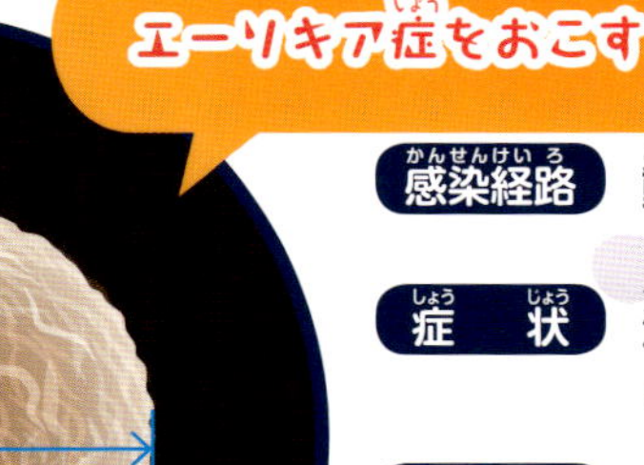

エーリキア菌
Ehrlichia

感染経路 動物媒介

症状 潜伏期間は5～6日で、発熱や頭痛、貧血など、かぜと似た症状をおこす

ワクチン なし

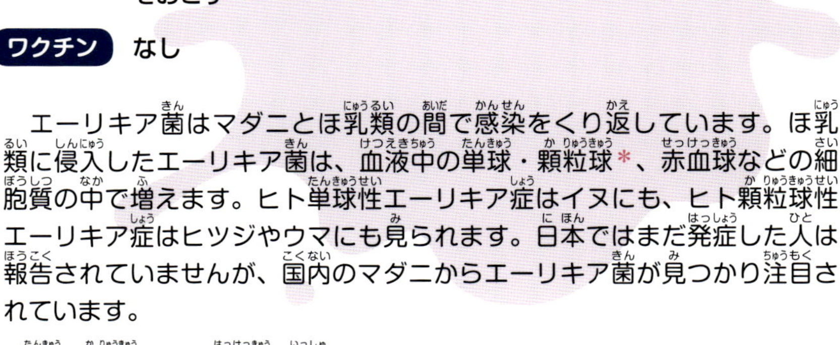

エーリキア菌はマダニとほ乳類の間で感染をくり返しています。ほ乳類に侵入したエーリキア菌は、血液中の単球・顆粒球*、赤血球などの細胞質の中で増えます。ヒト単球性エーリキア症はイヌにも、ヒト顆粒球性エーリキア症はヒツジやウマにも見られます。日本ではまだ発症した人は報告されていませんが、国内のマダニからエーリキア菌が見つかり注目されています。

*単球・顆粒球：ともに白血球の一種

日和見感染する細菌と薬に耐性のある細菌

細菌には、体が弱っていると感染するものや、薬に耐性のあるものがいます。

赤い色素を生みだす

約3マイクロメートル

グラム陰性桿菌

セラチア菌

Serratia marcescens

感染経路　内因感染、接触感染、経口感染、創傷感染

症　状　ふだんはヒトに対する病原性をもたないが、日和見感染して、肺炎や菌血症、敗血症をおこすことがある

ワクチン　なし

イタリアの物理学者の名前がつけられたセラチア菌は、じめじめした環境で増えて、洗面台などに赤やピンクの色素をつけることがあります。大腸菌や肺炎桿菌などと同じで、ふだんから腸や口の中などにもいます。病院などで免疫力が下がったヒトに日和見感染*すると、血圧が急激に下がってショック状態になったり、腎臓や肝臓の機能に支障をきたして多臓器不全の状態になったりして亡くなることもあります。また最近は、病院などの環境で進化した多剤耐性*セラチアが見つかっています。

べん毛で動きまわる

約3マイクロメートル

グラム陰性桿菌

プロテウス菌

Proteus

感染経路　内因感染、接触感染、経口感染、創傷感染

症　状　ふだんはヒトに対する病原性をもたないが、日和見感染して、ぼうこう炎や尿道炎、菌血症、敗血症などをおこすことがある

ワクチン　なし

プロテウス菌は、体のまわりのべん毛で活発に動きまわります。人工の培地でもコロニーをつくらず、培地表面に広がるように増えます。4種の群に分類されますが、とくに「プロテウス・ミラビリス」がよく検出されます。ヒトや動物の腸や下水などにふつうにいる細菌ですが、病院などで免疫力が下がったヒトに日和見感染することがあります。また、抗生物質による化学療法の副作用により、ふつうは少ししかいないプロテウス菌が異常に増えて、菌血症や敗血症をおこすこともあります。

*日和見感染：健康なときには感染せず、抵抗力が弱ると感染する

*多剤耐性：はたらきのちがう複数の薬剤に対して耐性をもつこと

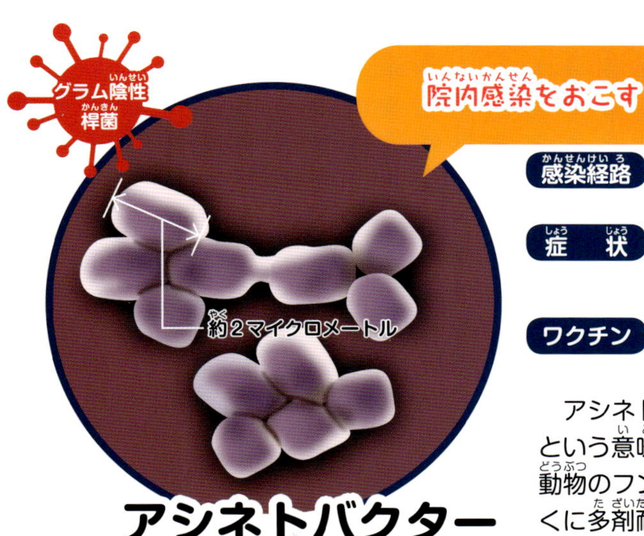

アシネトバクター

Acinetobacter

感染経路 空気感染

症状 日和見感染して、ぼうこう炎や尿道炎、肺炎、ずい膜炎、菌血症および敗血症をおこすことがある

ワクチン なし

アシネトバクターとは、ギリシア語で「動くことができないバクテリア」という意味です。ふだんはじめじめした土の中にいて、健康なヒトの皮ふや動物のフンの中にいることもあります。アシネトバクターの仲間のうち、とくに多剤耐性のバウマニ菌は院内感染菌として有名です。また近年、ニューデリー・メタロベータラクタマーゼ（NDM-1）をもつものがあらわれ、日本の病院でも集団感染をおこしています。

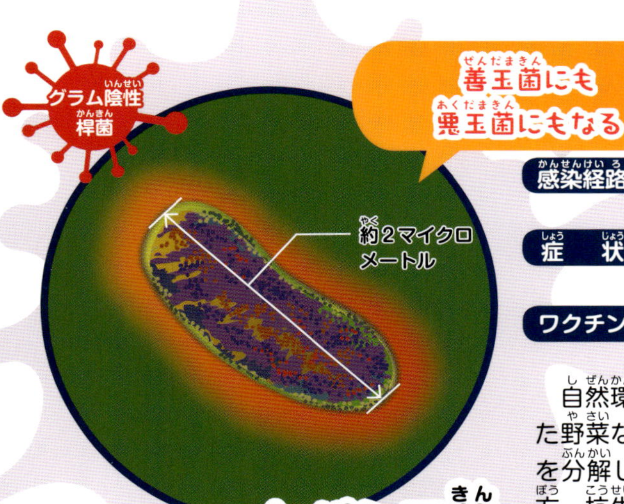

セパシア菌

Burkholderia cepacia (Pseudomonas cepacia)

感染経路 飛沫感染、接触感染

症状 日和見感染して、下痢やおう吐、肺炎、敗血症をおこす

ワクチン なし

自然環境では、畑などのしめった土や淡水の底にたまったどろ、くさった野菜などにいます。緑膿菌＊に似た細菌で、農薬にふくまれる化学物質を分解したり、農作物を病害から守ったりするために利用されます。一方、抗生物質や消毒剤に強い耐性もっているため、病院などで免疫力が下がったヒトに日和見感染することが問題になっています。

＊緑膿菌：→『②細菌のはたらき』p.36

NDM-1産生大腸菌

New Delhi metallo-beta-lactamase (NDM-1) Escherichia coli

感染経路 内因感染

症状 ぼうこう炎や尿道炎、敗血症をおこす

ワクチン なし

インドやパキスタンから広がったニューデリー・メタロベータラクタマーゼ（NDM-1）という酵素をつくる細菌です。ヒトの腸にいる大腸菌が、ほとんどの抗生物質に耐性をもつことが知られるようになりました。この酵素をもつ細菌は、多剤耐性菌に対する治療の最後の切り札だったカルバペネム系抗生物質にも耐性をもちます。NDM-1はアシネトバクターなどからも見つかっていましたが、病原性が高い大腸菌から見つかったことが問題になっています。

さくいん

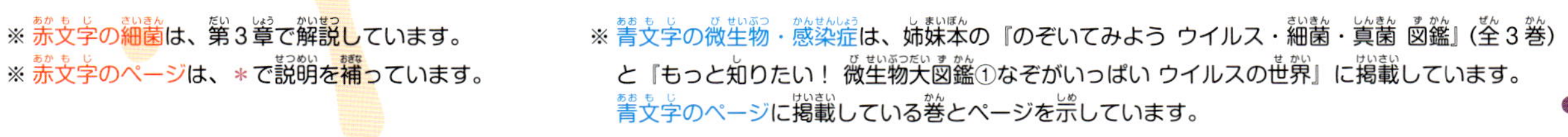

※ 赤文字の細菌は、第３章で解説しています。
※ 赤文字のページは、＊で説明を補っています。
※ 青文字の微生物・感染症は、姉妹本の『のぞいてみよう ウイルス・細菌・真菌 図鑑』（全３巻）と『もっと知りたい！ 微生物大図鑑①なぞがいっぱい ウイルスの世界』に掲載しています。青文字のページは掲載している巻とページを示しています。

著者

北元 憲利（きたもと のりとし）

1951年生まれ。山口大学農学部獣医学科卒業。大阪大学大学院医学研究科修了。医学博士。現在、兵庫県立大学環境人間学部教授。日本ウイルス学会（評議員）、日本環境学会（幹事）、日本感染症学会などに所属。著書に『休み時間の微生物学』（講談社）、『のぞいてみよう ウイルス・細菌・真菌 図鑑①②③』（ミネルヴァ書房）

イラスト（第1章）

ながおか えつこ

大阪府生まれ。金沢美術工芸大学産業美術学科商業デザイン卒業。松下電工株式会社（現パナソニック）マーケティング部入社。広告制作、CI、社内刊行物、Web制作などを担当する。退社後、イラストレーターとして独立。「白泉社 MOEイラスト・絵本大賞」入選。パッケージ、挿絵、子ども向け教材など、あらゆる媒体へのイラスト制作を手掛けている。

イラスト（はじめに・第2章）

すみもと ななみ

横浜市生まれ。多摩美術大学グラフィックデザイン科卒業。広告代理店、制作プロダクションにてグラフィックデザイナーとして勤務。退社後、イラスト&デザインオフィス「スパイス」を設立し、子どもや女性向けの書籍、雑誌を中心にイラスト制作活動をしている。

イラスト（第3章）

かんば こうじ

1949年大分県生まれ。2歳の時に家族で上京。多摩美術大学中退後フリーとなる。すべてMACによるデジタル製作で、科学誌のイラストを多く手掛けている。工作好きが高じて誠文堂新光社刊『子供の科学』に「つくってあそぼう」を連載。

企画・編集・デザイン

ジーグレイプ株式会社

この本の情報は、2015年9月現在のものです。

参考図書

『病原ウイルス学』編／加藤四郎、岸田綱太郎　金芳堂　1997年

『恐怖の病原体図鑑　ウイルス・細菌・真菌完全ビジュアルガイド』著／トニー・ハート　訳／中込治　西村書店　2006年

『すぐわかるイラスト微生物学』監訳／岩本愛吉　丸善　2007年

『シンプル微生物学』編／東匡伸、小熊惠二、堀田博　南江堂　2011年

『休み時間の微生物学』著／北元憲利　講談社　2013年

もっと知りたい！ 微生物大図鑑

②ヒントがいっぱい　細菌の利用価値

2015年11月30日　初版第1刷発行　〈検印省略〉

定価はカバーに
表示しています

著　　者　北　元　憲　利
発 行 者　杉　田　啓　三
印 刷 者　川　田　和　照

発行所　株式会社 ミネルヴァ書房

607-8494　京都市山科区日ノ岡堤谷町1
電話 075-581-5191／振替 01020-0-8076

印刷・製本　図書印刷株式会社

ISBN978-4-623-07493-8
NDC465/40P/27cm
Printed in Japan